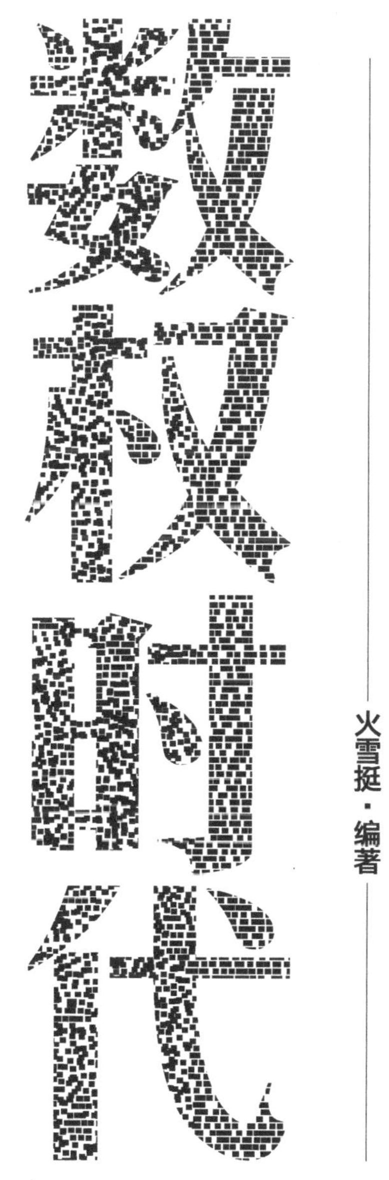

火雪挺 · 编著

電子工業出版社
Publishing House of Electronics Industry
北京 • BEIJING

内 容 简 介

本书聚焦数据领域的发展现状与未来趋势，探讨了数据对经济、社会、科技等多方面的影响。围绕数权的博弈将会体现在国家的制度设计、战略规划等各方面。对数据要素市场化配置的诉求也进一步涌现，形成了诸多新兴的研究议题。未来，数据技术或将基于生物信息、量子计算、知识工程等实现变革与创新。

本书分三大部分。第一部分探讨了数权背景下的国际博弈与国家治理等议题。第二部分关注数据与经济、生活间的关系，并探讨了数据助力社会与环境可持续发展的愿景及带来的挑战。第三部分探讨了智能分析、决策智能、DNA 存储、量子计算、隐私计算等与数据相关的前沿技术。

本书将围绕未来世界如何被数据改变这一主题进行全方位的探讨。

图书在版编目（CIP）数据

数权时代 / 火雪挺编著. —北京：电子工业出版社，2024.1
ISBN 978-7-121-46168-2

Ⅰ. ①数…　Ⅱ. ①火…　Ⅲ. ①数据处理　Ⅳ. ①TP274

中国国家版本馆 CIP 数据核字（2023）第 155849 号

责任编辑：魏子钧（weizj@phei.com.cn）
印　　刷：涿州市般润文化传播有限公司
装　　订：涿州市般润文化传播有限公司
出版发行：电子工业出版社
　　　　　北京市海淀区万寿路 173 信箱　邮编：100036
开　　本：720×1000　1/16　印张：15.75　字数：258 千字
版　　次：2024 年 1 月第 1 版
印　　次：2024 年 11 月第 2 次印刷
定　　价：78.00 元

凡所购买电子工业出版社图书有缺损问题，请向购买书店调换。若书店售缺，请与本社发行部联系，联系及邮购电话：（010）88254888，88258888。

质量投诉请发邮件至 zlts@phei.com.cn，盗版侵权举报请发邮件至 dbqq@phei.com.cn。

本书咨询联系方式：（010）88254613。

前言

为什么要写这本书

作为数据领域的从业者，我曾在与数据相关的多个岗位上工作过，接触过形形色色的人，他们对数据有各种各样的理解与各不相同的期望。

虽然数据学还不是一门正式的学科，但与其相关的概念非常之多，若没有一定的知识与经验积累则无法理解其全貌。过去，业界比较关心数据及其相关的技术，如何能更有效地处理数据来为我们所用是主旋律。然而，在数字时代，数据被正式列为关键生产要素，人们普遍意识到数据的影响力开始从数字空间走向实体空间，已然和政治、经济、社会、文化及人们的日常生活等各方面发生交融，产生深远的影响。

首先，我们需要认识到未来将会是一个数权世界。数权是数据权利与数据权力的统称。数据权利是个人或组织作为主体的一种权利主张，包含人格权利和财产权利两方面。数据权力则是由个体的权利出让和对数据资源的掌握而来的，是一种契约权力、信息权力。高价值数据及处理海量数据的能力，不仅可以帮助企业在市场上获得竞争优势，也可以帮助国家在全球博弈中获得数字化的领先优势，从而提高在国际舞台上的整体影响力。数据主权关乎国家主权，数据安全关乎国家安全。数据权利是个人、企业与政府共同的权利。而围绕数据权力的博弈不仅在技术层面，也在战略与制度层面。

其次，数据已和经济学中的诸多概念相融合，产生了新的研究领域，如数据资产、数据要素等。数据资产是一种全新的资产类别，未来，在数据资源彻底资产化、数据要素充分市场化后，人们或许会进一步地推进数据的金融化运营，如数据的货币化与资本化等，使数字经济更具活力。

再次，数据驱动是一把双刃剑，在带来效率提高的同时也带来了诸多新的社会问题。人们可以利用数据来提高生产效率、丰富个性化需求、打造新的生活方式，甚至助力实现“双碳”目标和人民币国际化。但数据驱动也有可能带来算法歧视、信息茧房等问题，甚至在极端情况下会影响人最基本的思考能力。我们应当保持警惕，在生活全面数字化的时代，要学会与数据一起生活，别让数据和算法决定我们的人生。

最后，当未来一切都可以被数字化的时候，我们希望数据及其技术带来的是全面的智能与创新。放宽视野，或许我们可以从生物信息、量子计算与区块链等新兴科学技术中寻找数据技术创新的未来。

希望本书不仅可以带领读者一起去探讨有关数据的方方面面，还能起到抛砖引玉的作用，激发读者对数据及其相关知识的兴趣与进一步研究的意愿。当今世界正经历百年未有之大变局，希望更多不同行业的有志之士可以了解数据、用好数据，群策群力，为我国综合国力的提升添砖加瓦。期待本书的出版可以贡献绵薄之力。

读者对象

对数据领域的未来发展有兴趣，喜欢思考科技如何影响政治、经济、社会、生活等方面的读者，包括：

- 相关领域的管理者；
- 企事业单位的信息技术专家；
- 数字化领域相关企业和组织的员工；
- 新兴科技的爱好者；
- 开设相关课程的院校的老师和学生。

本书特色

经过多年的发展，数据领域相关的科学、技术与产业已经深刻地影响了经济社会的发展与人们的日常生活，也在数字社会中扮演着不可或缺的角色。过去，人们对数据的探讨往往局限在某一领域，如数字经济、数字化转型、数据技术或数据治理等。而在数实共生的时代，数据的影响力显然已从日常生活、经济社会延伸到了人文构建、国家治理，甚至是全球博弈等方面。数据已成为国家发展的战略性基础资源和关键生产要素。

本书将全方位地探讨未来世界如何被数据改变这一议题。

- 更丰富的政治维度：尽可能全面地探讨数据给世界政治格局带来的影响，以数据为纽带，探讨国际关系、国家主权、国家治理、国家安全等在未来数字时代的发展趋势。
- 更宽广的经济视角：既从严谨的逻辑出发，推导数据资产化的过程，探讨数据要素化、货币化、资本化的未来，又大胆构想数据助力绿色经济与人民币国际化的愿景。
- 更深刻的社会洞察：深度剖析数据给社会生活带来的新机遇与新挑战，探讨个人与组织在数据驱动的社会背景下，如何坚持数据向善、警惕数据向恶。
- 更前瞻的技术愿景：从元宇宙、决策智能、生物信息、量子计算等前沿科技领域出发，描绘新兴数据技术的实现方法与发展愿景。

本书内容框架

第一部分 数权世界：从数权世界的角度出发，探讨了数据生产力、数据权利与数据权力、数据战略与国际博弈、数据主权与国家主权、数据开放与国家治理、数据跨境流动与外交、数据安全与国家安全等方面的内容。

第二部分 数据、经济与生活：首先，从数据和经济的关系出发，探讨了数据资产化、数据资产金融化、数据货币化、数据资本化等方面的内容，并大胆构想了数据要素助力人民币国际化的愿景；其次，从数据和生活的关系出发，指出了数据驱动带来的利与弊，并鼓励人们坚持培养独立思考的能力，警惕数据和算法可能带来的诸多新问题；同时，还阐述了数据助力实现碳中和与元宇宙的愿景。

第三部分 数据技术的未来：探讨了包括下一代智能分析、未来的决策智能系统、DNA 存储、量子计算与隐私计算等在内的前沿技术。

勘误和支持

由于我水平有限，时间仓促，书中难免会出现一些错误或者不准确的地方，恳请读者批评指正。

电子邮箱：huoxuet@163.com

微信公众号：道比伯尔

致谢

在这本书的写作过程中，我遇到了很多的挑战和困难。但是，有很多人给予了我非常宝贵的支持，帮我克服了许多困难，我才得以完成这本书的写作。

首先感谢杨福川老师最初从本书的内容设计和写作规范方面给我的帮助和指导，并在这段时间内始终支持我的写作。

然后感谢电子工业出版社的柴燕老师和魏子钧老师，他们的专业指导让我在写作过程中受益匪浅，他们的鼓励和支持是我能顺利完成全部书稿的最大动力。

最后感谢我的家人，是他们给予的鼓励和关怀支撑着我度过了那些难熬的日日夜夜。

谨以此书献给我爱的和爱我的人。

目录

第一部分

数权世界

第二部分

数据、经济与生活

第三部分

数据技术的未来

Part 1
第一部分
数权世界

在数实共生的时代，谁掌握了高价值的数据，谁拥有了处理海量数据的能力，谁就有进一步解放数据生产力的潜能。这种潜能既可以代表个体与组织的私权，即数据权利，帮助组织获得市场竞争优势，也可以成为一种公权，即数据权力，帮助国家在国际博弈中获得数字化领先优势。事实上，有些国家已经提前布局，试图通过数字空间的管辖权延伸，以某种方式来影响实体空间。面对百年未有之大变局，我们亟须围绕数据开放、数据安全、数据主权等关键领域提出中国方案，在数实共生的时代，全面夯实和提高我国在数权世界舞台上的影响力。

CHAPTER 1

01 第1章 被解放的数据

从 20 世纪 50 年代开始，人类社会开启了信息技术革命。经过半个多世纪的发展，人类社会正在进入一个全新的时代——数据生产力时代。本章将从过去对数据的理解、现在对数据的定位、未来对数据的期望三方面层层推进，阐述为什么在这个时代数据会成为新的生产要素，为什么它既是基础性资源又是战略性资源，更是重要的生产力。

1.1 数据的定义

数据是事实或对事实观察的结果，是用于描述客观事物而未经加工的原始素材。数据可以是连续的值，如声音、图像，即模拟数据；也可以是离散的值，如符号、文字，即数字数据。在信息技术中，数据也被认为是所有能输入计算机并被计算机程序处理的符号介质的总称。计算机存储和处理的对象十分广泛，这些对象映射的数据也越来越复杂。目前对数据的宽泛定义是“任何以电子或者其他方式对信息的记录”。

数据是符号，具有物理性和客观性。对数据进行加工处理之后，可以得到对决策产生影响的信息。在这种情况下，数据是信息的客观表现、信息是数据的潜在结果，数据是信息的载体、信息是数据的内涵，二者是形与质的关系。数据本身没有意义，数据只有对实体行为产生影响才能成为信息。

1.2 数据被赋予的意义

数据和信息一直以来不曾离开我们的世界。古人云，“天有常道矣，地有常数矣”。时代在不断变化，使得彼时的“数”少了份哲学情怀，此时的“数”则多了份科技发展的色彩。在当下的时代，数据被赋予了关键生产要素这一新的意义，并引领新一轮的生产力革命。

1.2.1 古人对数据的运用

从远古祖先的结绳记事开始，过去的数据可能是被刻画在石墙上、撰写在简牍中、记录在书本里的符号。本节将从数据记录、计算、分析三方面阐述古代对数据的运用。

1. 用于记录

人类对数据的记录，其实要早于文字的出现。在斯威士兰发现的列彭波骨和在刚果发现的伊尚戈骨可以说是迄今为止所知的最早的计数工具之一，距今已有数万年。

列彭波骨和伊尚戈骨据说都是由狒狒腓骨制成的骨骼工具，这些带有刻痕的骨器如今被称为计数棒，是一种人类早期进行数据存储活动的证据。远古时期的部落人群会在棍棒或骨头上刻出缺口，去跟踪交易活动或食物供应情况。他们通过对比棍子和缺口来做出预测，如他们的食物供应将持续多长时间。

2. 用于计算

以前人类用于数据计算的工具，较有效率的要数排列成串的算珠，也就是算盘了。算盘的发明大大地提高了人类的计算效率。用算盘计算的方式称作珠算，珠算有与四则运算相对应的计算法则，统称珠算法则，就如同现代计算机最底层的加减乘除计算逻辑。后来根据珠算演变而来的珠算式心算成了速算技术的一种。

据史料记载，公元前 400 多年，希腊历史学家希罗多德斯指出古埃及人就使用了算盘。而在我国，算盘的使用最早可以追溯到公元前 600 多年。古代中国人把 10 个算珠串成一组，一组组排列好，放入框内，然后迅速拨动算珠进行计算，实现和现代一致的十进制计算。东汉末年，徐岳在《数术记遗》中记载了我国古代的 14 种算法，除第 14 种“计数”为心算，无须算具外，其余 13 种均有算具，分别是积算（即筹算）、太乙算、两仪算、三才算、五行算、八卦算、九宫算、运筹算、了知算、成数算、把头算、龟算和珠算。“珠算”之名，首见于此。

3. 用于分析

除了数据记录与计算，我国古代很早就开始运用数据来治理国家。每朝的正史中都有志书（或者叫地方志、方志），综合记录该地区有关自然和社会方面的历史与现状，包括地理境域、食货财富、生产能力、收税条件、消费项目等，两千余年不曾间断。20 世纪 80 年代以后，中国方志编纂工作由隶属于国务院的中国地方志指导小组领导。到 1995 年，全国新出版的地方志已达 5000 多部。

电视剧《长安十二时辰》中有一个有趣的情节，机构“靖安司”存储了当时三省、六部、一台、九寺、五监等 24 个重要机构的机密要件，连平常百姓家添丁新丧、婚配嫁娶、买卖奴婢等人口变动之事，都会进行登记。剧中角色徐宾在靖安司的“大数据库”中，利用大案牍术分析百姓的喜好与习惯，才筛选出长安城符合刺杀狼卫行动的张小敬。虽然是虚构的剧情，但也可以看出编剧对于数据存储与分析的认可度。正如诺贝尔经济学奖得主、法律经济学创始人之一罗纳德·哈里·科斯所说：“如果你拷问数据足够久，真相自然就会浮现出来。”

时至今日，我们所生活的世界在政治制度、社会结构、经济模式、生活方式等方面都发生了翻天覆地的变化，然而我们仍需要通过收集和处理数据来认知这个世界，只是这一过程已变得更加高效。因为数据在当下除了被用于记录、计算和分析，还被赋予了更多的意义。

1.2.2 数据是第五个生产要素

土地、劳动、资本、技术是过去很长一段时间里经济学中公认的生产要素。2020 年，我国提出将数据作为一种新的生产要素。上海数据交易所研究院院长、复旦大学管理学院教授黄丽华认为，2022 年是数据要素市场正式探索的元年。

1. 过去的四个生产要素

生产要素是经济学的基本概念，它是指进行社会生产经营活动时所需要的各种社会资源，是进行物质生产所必需的一切要素及环境条件，是维系国民经济运行及市场主体生产经营所必须具备的基本条件。传统意义上的资源是指自然资源，而现代经济学意义上的资源，是指一切可被人类开发和利用的客观存在。资源包含了生产要素，但生产要素并不等同于资源。例如，空气是一种自然资源，更是人类赖以生存的重要资源，但它不是经济学范畴里的生产要素。

随着经济社会的发展，在不同的社会经济形态下，生产要素有着不同的构成。

第一次工业革命之前，人类社会在数千年时间里处于农业经济时代。农业社会经济发展的决定因素是土地和劳动。在这一阶段，渔猎、耕种与家庭手工业是最主要的生产方式，而土地和劳动力则是最重要的生产要素。对此，英国古典政治经济学家威廉•配第给出了最经典的论断，即土地为财富之母，劳动则为财富之父和能动的要素。

18 世纪 60 年代爆发于英国的第一次工业革命拉开了人类经济高速增长的序幕。全球 GDP 从 1700 年到 1970 年增长了 70 多倍。以纺织机和蒸汽机等为代表的机械设备开始大规模投入工业生产，使机械化生产成为当时经济增长的重要特征。作为物质资本的机器设备也成为当时的第一生产要素。19 世纪 60 年代后期，电力和内燃机的出现带来了第二次工业革命，经济社会发展从机械化阶段过渡到电气化阶段，资本在生产中的作用随着社会化大生产的发展而不断强化，成为不可或缺的生产要素。

工业革命对经济增长的深远影响不仅在于将机器、资本引入生产，还在于使技术创新成为推动经济长期增长的关键要素。过去，技术常被分为劳动偏向性技术与资本偏向性技术，而现在以人工智能（AI）、大数据、云计算、物联网等新一代信息技术为代表的数据偏向性技术已经崛起，并带动数字革命向全球扩散，数字经济兴起并蓬勃发展。全球 GDP 从 1960 年的 1.39 万亿美元（现价）迅速增长到 2021 年的 96.53 万亿美元（现价），如图 1-1 所示。在 60 年的时间里，得益于土地、劳动、资本、技术这四种生产要素，全球 GDP 增长了约 70 倍。

其中，数字经济的贡献或许非常关键。根据中国信息通信研究院（简称中国信通院）发布的《全球数字经济白皮书（2022 年）》，2021 年测算的 47 个国家数字经济增加值规模为 38.1 万亿美元，同比名义增长 15.6%，占 GDP 的比重为 45.0%。再看我国的情况，根据中国信通院发布的《中国数字经济发展研究报告（2023 年）》，2022 年我国的数字经济规模达到 50.2 万亿元，同比增加 4.68 万亿元，同时，数字经济占 GDP 的比重进一步提高，占比达 41.5%，甚至超过了第二产业占 GDP 的比重（2022 年我国第二产业占 GDP 的比重为 39.9%），数字经济作为国民经济重要支柱的地位更加凸显。2017 年至 2022 年我国数字经济规模及占 GDP 的比重如图 1-2 所示。

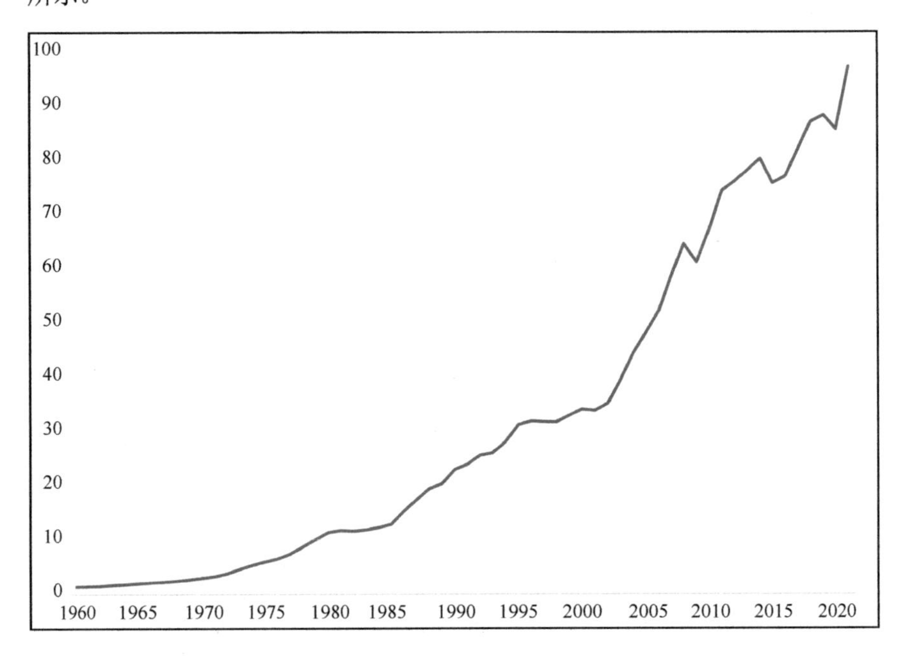

图 1-1　全球 GDP 核算数据（1960 年至 2021 年）（单位：万亿美元）

（数据来源：世界银行）

2. 数据要素

数据一方面可以像劳动、资本和技术要素一样，在工业革命中大规模地应用于生产、分配、交换、消费各环节，以及制造与服务等各场景，推动经济长期持续增长；另一方面，可以提升自然资源、劳动力、资本、技术等要素开发利用和配置的效率，从而实现自身价值的增值。这就是数据被列为第五大生产要素的底层逻辑。在数字社会，人类需要开发和利用数据来进行生产与经营活动。如今，智能机器已经成为数字经济时代的生产工具，数据则是关键的生产要素。

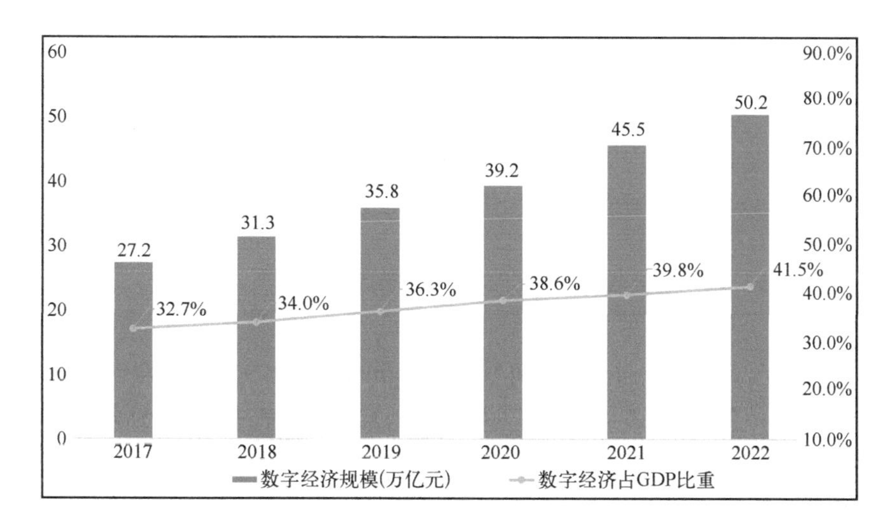

图1 2　2017年至2022年我国数字经济规模（单位：万亿元）及占GDP的比重

（数据来源：中国信息通信研究院）

2019年，党的十九届四中全会通过了《中共中央关于坚持和完善中国特色社会主义制度 推进国家治理体系和治理能力现代化若干重大问题的决定》，首次增列数据作为生产要素，明确提出数据可作为生产要素按贡献参与分配。2020年，中共中央、国务院发布的《关于构建更加完善的要素市场化配置体制机制的意见》和《关于新时代加快完善社会主义市场经济体制的意见》，均提出加快培育数据要素市场，并提出了推进政府数据开放共享、提升社会数据资源价值、加强数据资源整合和安全保护等举措。这为数据要素市场化配置指明了方向。

数据几乎遍布于当前世界的每个角落，随着数据正以前所未有的速度被生产和消费，以及数据在经济社会发展中起到越来越重要的作用，由数据要素推动形成的数字革命和数字经济将成为新时代的标签。数据要素是数字世界和数字经济的关键核心要素，对经济社会发展的价值与潜能体现在物理空间和数字空间两个层面上。数据要素正逐渐成为全球数字经济竞争的新赛道，也是新时代体现国家综合实力、重塑国际竞争优势的关键要素之一。

1.3　如何理解数据生产力

我们都知道，生产力的三要素是劳动对象、劳动资料与劳动者。对数据生产力而言，劳动对象即数据资源，劳动资料则是数字化的智能工具，而劳动者一方面是从纯粹的体力与脑力输出者转变为数据驱动与自我驱动的个体创造者与创新者，另一方面则是数字原生组织或正在数字化转型的非数字原生组织。

1.3.1　不断增长的劳动对象：爆炸的数据

国际数据公司（International Data Corporation，IDC）发布的白皮书 *Data Age 2025* 中提到，2010 年全世界每年产生的数据量为 2ZB，2020 年为 47ZB，到了 2025 年这个数字预计将达到 160ZB 以上。全球产生的数据量（2010 年至 2025 年）如图 1-3 所示。白皮书还预测，全世界每年产生的数据量到 2030 年为 612ZB，2035 年为 2142ZB，年均增长约 30%。

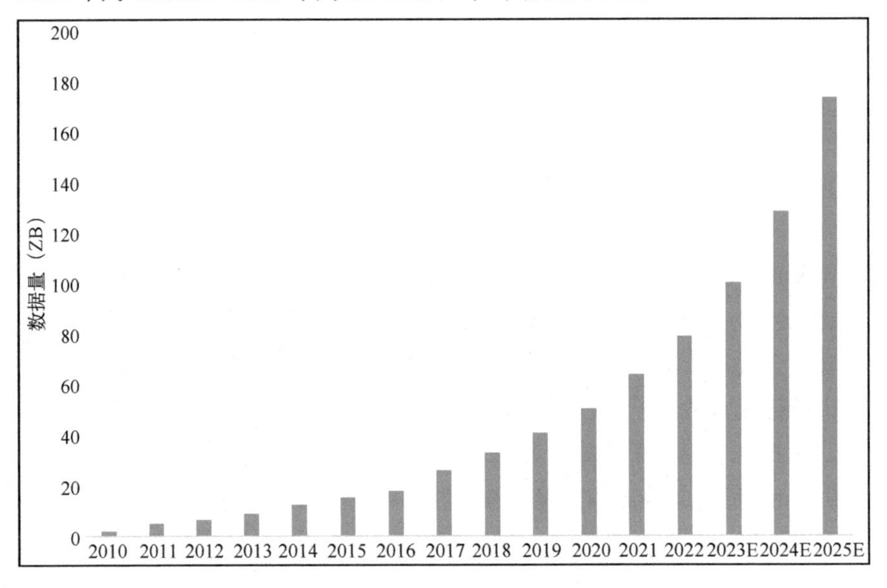

图 1-3　全球产生的数据量（2010 年至 2025 年）

（数据来源：IDC 发布的白皮书 *Data Age 2025*）

如果需要处理的数据量大大超过处理能力的上限，就会导致大量数据因无法处理或来不及处理而处于未被利用及价值不明的状态，这些数据被称为“暗数据”。据国际商业机器公司（IBM）估计，大多数企业仅对其所有数据的 1%进行了分析应用。

作为人口大国和制造大国，我国个人数据和非个人数据的潜在产能巨大，数据资源极为丰富。据 IDC 预测，2018 年至 2025 年我国的数据圈将以 30%的年平均增长速度领先全球，比全球平均增速高 3%。2015 年我国的数据量还不到 5ZB，2018 年我国的数据量已占全球数据量的 23.4%，预计到 2025 年，我国的数据量将增长至近 50ZB，将占全球数据量的 27.8%，成为世界上最大的数据圈、名副其实的数据资源大国和全球数据中心。按地区划分的全球数据圈规模（2014 年至 2025 年）如图 1-4 所示。

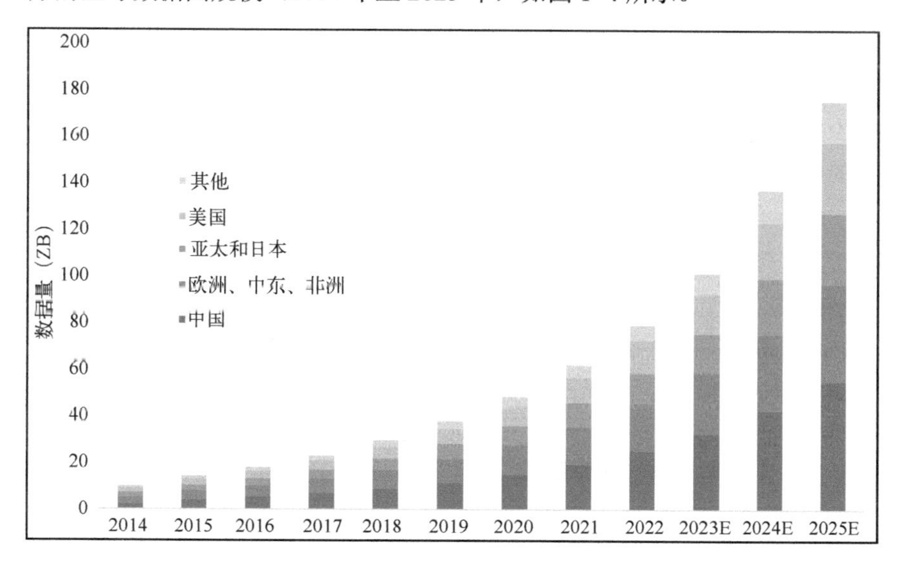

图 1-4　按地区划分的全球数据圈规模（2014 年至 2025 年）

（数据来源：IDC，Seagate，Statista estimates，腾讯研究院）

1.3.2　不断革新的劳动资料：数字化机器

本杰明·富兰克林曾说：“人是制造工具的动物。”生产工具不是自然之物而是人造之物，是人类生产出来供进一步生产而使用的物质手段，是人类改造自然的能力的物质标志。马克思也曾指出：“各种经济时代的区别，不在于生产什么，而在于怎样生产，用什么劳动资料生产。”而劳动资料中的决定因素就是生产工具。

在农业经济时代，生产工具是手工工具，生产工具的使用完全取决于使用者的技能。在18世纪60年代开始的工业经济时代，机器（蒸汽机、内燃机、电器等）成为主要的生产工具，以机器取代人力，利用机器创造物质财富。

在如今的数字经济时代，机器的组成由原来的发动机和传动装置变成了程序和代码，软件开始定义世界，数字化的智能机器将成为生产工具。其“拟人”的特性意味着要取代人的脑力，而非仅是体力。这种机器不同于过去的传统机器，其本质是数字化的，在改造物理世界的同时，又创造了一个新的虚拟空间，即数字世界，从根本上拓展了人类的生活空间。如今，每个人不仅生活在物理空间，有各自的物理身份，同时也生活在数字空间，有不同的数字身份。

数字化机器是指那些有能力对数据信息进行采集、传输、处理和执行的工具，包括有形的数字化设备和无形的数字化软件，例如传感器、通信及控制系统、芯片、集成电路、计算机辅助与仿真软件、人工智能设备及软件、大数据软件、云计算平台、区块链及物联网软件等。这一范围还在随着数字技术的发展而不断壮大。

1.3.3 被解放的劳动者：数据驱动的创新个体

2016年，AlphaGo的横空出世无疑是AI技术第三次浪潮的一个里程碑。当时的社会舆论中普遍出现了一种AI焦虑，其背后是人们开始担心“数据+算力+算法”的组合在可见的未来会替代人的工作，从而引发了各大媒体的讨论。当时，牛津大学还调查研究了美国的700多种工作，并分析了它们在未来10年到20年被取代的可能性，结果是47%的工作肯定会被取代，19%的工作可能会被取代。

如今，我们发现有些工作确实被数据及算法取代，例如企业部分客服的职能、部分市场分析的岗位、部分超市中的售货员、部分配电站中的巡检员、部分物流运输的工作等。但不可否认的是，数字化时代也创造出了许多新的工作职能与岗位。随着数据生产力的普及，大量纯体力及重复性的脑力工作者被替代，但同样也被“解放”出来，有机会参与更富有创造性的工作。

市场上开始需要更多的数据分析师、算法工程师、艺术设计师、文案创作者等。例如，基于文字与视频内容的自媒体呈爆炸式增长，带给用户更加丰富的娱乐生活与媒体内容；制造企业从关注产能和效率，转型到关注设计与质量，带给消费者更好、更多元化的产品；媒体开始关心大众传播的转换效率；零售企业开始关心消费者体验；能源企业开始尝试利用碳中和技术创造绿色、可持续发展的环境。

在数据生产力时代，每个个体与组织的想象力被最大限度地释放，愈发成熟的数字化工具也激发出每个个体的企业家精神。我们会看到更多的无人零售、无人工厂、无人电站、无人驾驶等，这使得越来越多的传统生产力得以解放，更高的数字生产效率使得人们将有更多的时间与精力去追寻各自内心的目标，并为之进行创新与创造，或许是更丰富的知识，或许是更高效的工具，或许是体验更好的产品。在这个创造的过程中，又会产生更多的数据资源，进一步加速整个数据生产力时代的发展。

1.3.4 重构的数字化组织：数据密集型与平台型生态组织

按照要素使用密集程度对行业进行划分，通常可以分为资源密集型、劳动密集型、资本密集型和技术密集型。在数据要素成为关键生产要素后，由于部分行业具有的数字化机器能够大规模地生产数据要素，从而表现出与其他四种类型行业的不同特征，因此数据密集型行业或将成为一个新的类型。

在这个时代，无论是企业还是国家之间的竞争，从某种意义上说就是在不确定的环境下，为谋求自身生存与发展而开展的对数据资源的争夺，以及数据处理效率的较量。谁能生产和发掘更多有效的数据资源，谁能利用数字化机器更快、更好、更有效率地处理数据，谁能通过数据创造更多有价值的见解知识并为其战略服务，谁就能拥有更多的竞争优势、筑造更宽的数字护城河。在这个过程中，数据会成为各类组织占据制高点的核心要素，组织正从重视技术密集延伸到重视数据密集，数据也成为国家与企业作出科学决策的基石。

全球市值最大的公司所属行业类型的变迁历程同样说明了资本市场对技术和数据密集行业的态度。截至 2023 年 2 月 20 日，全球市值最大的 10 家公司中，除沙特阿拉伯国家石油公司和伯克希尔·哈撒韦公司外，其他 8 家公司都是高科技公司，包括苹果、微软、特斯拉、英伟达等，而谷歌、亚马逊等是典型的互联网公司，数字技术行业企业数量和市值的占比分别为 80%和 77%。

如果说全球化使得人类大规模协作的广度、深度及频率步入新阶段，那么基于数据生产力的解放使人人互联转变为万物互联，我们正处在构建平台型生态组织的过程中。这个过程会重构组织内外部对数据的感知、采集、处理、使用和管理的体系，从而重构组织内外部过去已然定型的分工协作模式，重塑组织与组织、组织与个人之间的关系。这会重新定义组织的边界。平台型生态组织的崛起会使人类分工协作的规模迈向历史上从未达到也从未敢想象的高度，我们也都会属于 “数字生态共同体”的框架之下，通过共同的协作推动人类社会进入一个充满想象的空间。

1.4 数据是一种新的资产

一桶石油可以让汽车开起来，但一滴石油不行，数据亦是如此。数据资源的量化是前提条件，量变转为质变是数据资产化过程的一个主要环节。本节将介绍几种数据资产的分类方法，由于现有的资产分类方法并不完善，因此将其划分出一种新的资产类别。维克托·迈尔·舍恩伯格在《大数据时代》中曾经提道：“虽然数据还没有被列入企业的资产负债表，但这只是一个时间问题。”

1.4.1 从资源到资产

资源是指一切可被人类开发和利用的物质、能量和信息的总称。而资产是指由会计主体（政府、企事业单位等）过去的交易或事项形成的、由会计主体拥有或控制的、预期会给会计主体带来经济利益的资源。

数据资源化是将原始数据转变为数据资源，使数据具备一定的潜在价值，这是数据资产化的必要前提。当人类社会的发展需要开发和利用的对象是数据时，无论是以物理还是电子的方式记录的，我们都可称之为数据资源。数据资源化以数据治理为工作重点，以提升数据质量、保障数据安全为目标，确保数据的准确性、一致性、时效性和完整性，推动数据内外部流动。

数据资产化是将数据资源转变为数据资产，使数据资源的潜在价值得以充分释放。数据资产化以扩大数据资产的应用范围、显性化数据资产的成本与效益为工作重点，并使数据供给端与数据消费端之间形成良性的反馈闭环。2021 年 12 月，中国信通院发布的《数据资产管理实践白皮书 5.0》将数据资产（Data Asset）定义为“由组织（政府机构、企事业单位等）合法拥有或控制的数据资源，以电子或其他方式记录，例如文本、图像、语音、视频、网页、数据库、传感信号等结构化或非结构化数据，可进行计量或交易，能直接或间接带来经济效益和社会效益”。在组织中，并非所有的数据资源都能构成数据资产，数据资产是能够为组织产生价值的数据资源，数据资产的形成需要对数据资源进行主动管理并形成有效控制。

从数据资源到数据资产，围绕“资产”管控开展资产认定、权益分配、价值评估等活动受组织外部的影响因素较多，以数据确权为例，包括了数据权属与数据权益。数据权属讨论数据属于谁的问题，而数据权益讨论数据收益的分配问题。现阶段，数据资产的权属确认问题对于全球而言仍是巨大挑战。此外，无论数据由谁拥有或控制，最关键的“质变”是此类数据能带来经济或社会效益、能创造价值，否则，充其量仅是资源的量变。

那数据能否带来经济效益或社会效益呢？答案是肯定的。无论是高密度价值数据集的直接交易、双边交换或多边有偿共享服务，还是将原始数据加工处理之后得出“基于数据的事实”，并在此事实信息之上辅以经验从而形成决策的活动，都是直接或间接获取收益的行为。例如，天气预报组织将天气数据收集分析之后形成精细化的预测结果，以订阅服务的方式有偿提供给航空公司或轮渡公司，甚至是农场、葡萄酒庄等；线下零售企业通过商圈分析、客群的时空分析来提高顾客的转换率、购买率；电商通过收集并分析线上用户的“数字足迹”来提高用户的点击量、复购率等；制造企业通过收集和分析现代化流水线和设备中经由物联网上传的传感器数据并进行模式学习，来减少生产流水线上大型设备的宕机时间，从而提高生产效率等。在大数据时代，数据能带来经济利益是毋庸置疑的。

1.4.2 数据资产的分类

我们知道资产按照流动性可以划分为流动资产、长期资产、固定资产、无形资产和其他资产等，不同类型的资产显然有不同的确权和计量方式。

1. 按数据实体形态划分：有形资产和无形资产

数据资产本身虽然看不见、摸不着，但是类比石油，石油需要存放在油库中，数据资产的存放载体就是物理存储设备，如磁盘。而无论是本地的硬件设备还是云上的设备，最终磁盘的存在是有形的、占用物理空间的，而且每个磁盘的存储空间是有限的，使用网络传输数据的时候网络的开销也是实实在在的。当你拿着存有可读数据的磁盘进行交易时，数据资产本身也参与了交易。交易双方可以按照数据资产的总量大小评估价值，或以承载这些数据资产的磁盘个数来评估价值。从这个角度讲，数据资产可以看作一种有形资产。

哈斯克尔和韦斯特莱克在 2017 年出版的《没有资本的资本主义：无形经济的崛起》（*Capitalism without Capital: The Rise of the Intangible Economy*）一书中指出，数据很可能只是沉没成本，因为数据通常在特定组织或特定应用场景下才显现其价值，对一个组织极其宝贵的数据资产可能对另一个组织或所有其他组织而言毫无价值。这是因为数据同时具备了一定的信息属性。所谓信息是数据有意义的表示，数据是信息的具体表现形式，正是数据背后的信息给数据资产带来了价值。但实际情况是数据资产所包含的信息价值取决于使用信息的人，同样的信息对不同的使用者而言可能是精华与糟粕之别，因此几乎没有统一的价值标准和计量标准。对数据资产包含的信息价值评估通常只能采用主观的方式，所以从这个角度来讲，数据资产又属于无形资产。

在当下数字时代，我们通常讨论和看重的是数据的信息属性，而非物理属性，因此通常认为数据资产是一种无形资产。

2．按数据价值时效性划分：长期资产和短期资产

数据的使用没有损耗，不具有实物资产的折旧且可以在存储介质上长期存在。从这个角度讲，数据资产具备长期资产的特点。但回到使数据价值得以呈现的信息属性上讨论这个问题，我们不难得出的结论是随着时间的推移，大多数信息属性的价值会逐渐甚至是快速衰减，而只有少数信息的保值期相对较长，用经济学的话说就是机会价值的高低不同，某些需要长期累积才能使用的数据其金融属性较强，如基因数据、健康数据等，而多数实时采集的数据其金融属性反而较弱，如金融资讯、用户行为数据等。

例如，用户在移动端 App 上浏览媒体内容时所表现出的瞬时兴趣价值，在几分钟到十几分钟的时间段内会达到最高效益，然后迅速衰减，与几个小时后表现出来的瞬时兴趣价值可能大相径庭。这也就意味着之前所采集和计算出来的用户短期数据资产在现在这个时间点已没有意义。然而生物族群基因数据、人群健康数据或是人口统计数据等需要长期积累后才具备统计意义和研究基础的数据，其信息价值的保值期就相对较长。

因此，在实践过程中，当我们研究宏观问题时，数据可视为长期资产，当研究微观问题时，数据一般可视为短期资产，其资产分类随应用场景的不同而变化。

3．按数据流动能力划分：流动资产和固定资产

此外，我们不难推导出数据资产具有可复制性，而且其复制成本要远低于生产成本。Daniel Moody 的经典论文 *Measuring the Value of Information* 提到了数据最重要的属性之一，经济学家将其称为“反竞争”。与资本或石油不同，数据不仅属于单个所有者，而且很容易分享和复制，并且不会因使用而枯竭。

因此，如果只视其为资产，而不考虑法律因素，数据复制之后的流动性会很好，可以在一个会计年度内随意流动，具备流动资产的特征。然而，随着各国数据法律法规的完善，例如我国颁布实施《中华人民共和国个人信息保护法》与《中华人民共和国数据安全法》，涉及企业安全或国家安全的敏感数据肯定是无法在市场上随意流通的，因此从这个角度来说，这部分数据就变成了组织的固定资产。

4. 新的资产类别

上述各方面都表明数据作为一种资产有其独特之处。随着社会变得更加复杂及技术的发展，我们的资产类别也在不断变化。

从一般企业目前的会计实操来看，主要将数据服务项目或数据资产产品带来的收益计入“其他业务收入”科目。未来是否设置专门的“数据资产”科目，来推动数据资产进入会计报表，目前财务会计领域仍有不同声音。例如，数据资产创造的经济利益已在利润表中释放，是否还需再纳入资产负债表？若需要，是否可以考虑在“无形资产”科目下设置？数据资产是否符合重要性原则，足以在报表中单列科目？又是否可以考虑在可持续发展报告中，以信息披露的方式呈现数据资产价值？

对于将数据资产纳入无形资产科目下的思路，中国信通院在此前发布的一份研究报告中提到，资产化角度下的数据在整体上属于无形资产，符合可变现、可控制、可量化三大特征的数据资源应当视作会计意义上的数据资产，并建议在“无形资产”会计科目下设立固定的“数据资产”二级科目，要求企业统一将数据资产放于该科目。对此，有会计人士表示，目前装入“无形资产”会计科目下的资产类别过多，可能导致数据资产的重要性难以体现，不利于后续的数据资产管理。而且从长远趋势来看，数据资产可能会比实物资产更优质，甚至成为排在固定资产、无形资产序列之前的一级科目。

维克托·迈尔·舍恩伯格在《大数据时代》中提道：“虽然数据还没有被列入企业的资产负债表，但这只是一个时间问题。”在财务会计领域，如果我们最终要对数据资产实行精细化、科学化的管理，要将数据资产放进会计报表，笔者认为其将会是一种单列的新的资产类别。

CHAPTER 2

02 第 2 章 数据权利与数据权力

数据权利与数据权力是数字化时代的新产物。数据权利是 2020 年 7 月全国科学技术名词审定委员会批准发布的大数据新词，它是个人或组织的一种私权。而数据权力则是一种需要被重视的公权。本章将探讨个人拥有怎样的数据权利、未来组织的数据权利是什么，以及数据作为一种权力将给我们的世界带来何种影响与启示。

2.1 个人的数据权利

数字时代是一个神奇的时代。数据生产力的解放给人类社会带来了前所未有的发展，人们在享有便捷、高效生活的同时，由于个人信息被显性地利用，特别是个人隐私数据要比以往任何一个时代都更为透明地存在于数字空间，关乎个人数据权利的问题受到社会的广泛重视。个人数据的人格权益通过法律规制可以得到必要的保护。在此前提下，个人可以通过数据可携带权主张个人数据财产权益。此外，在我们界定个人数据时也需要考虑未来会出现的“体内数据”所带来的新的数权问题。

2.1.1 张弛有度的个人数据权利

当前对个人数据权利有许多不同的观点，其中最突出的观点是数据的人格化与财产化，笔者认为应当兼顾两者来平衡个人基本权利与商业发展、社会利益之间的关系。

1. 个人数据的人格权利与财产权利

由于数字时代个人的外在行为在数字空间里留下了数字足迹，通过这些数据可以刻画个人在数字空间的所属特征，从而形成足以识别实体个人的“数字个人”，因此人们通常认为此类数据的产权应归属个人。

过去，公民的基本人权通常包括生命权、自由权、财产权和公正权等，有观点认为数据权利属于基本人权，而且从属于财产权范畴，也就是说公民有支配自己所产生的数据的权利，这是将个人数据视为某种具象的财产，保护的是公民的财产权益，是一种绝对化的个人数据权。然而，从集体的角度出发，另外一种观点认为我国尚处在数字经济的起步阶段，绝对化的个人数据权利会使得个人与个人数据处理者的关系变得极其复杂与不稳定，如果大多数人拒绝个人数据被集体所使用，这对数字产业发展非常不利。

个人的数据权利和数据的社会流通、商业流通是数据时代无法回避的问题。事实上，关于个人数据权属的争议一直存在，有数据保守派的想法，也有数据发展派的声音。前者立足于个人的尊严和隐私，将数据视作保障个人基本权利的重要组成部分；后者则希望通过明确数据的财产属性，降低市场交易成本，最大化数据的商业价值和社会价值。

个人数据的“人格化”与“财产化”这两种思路代表了不同的价值选择，各自在理论和实践中也都存在不完善的地方，这种争论也一直延伸到数据立法领域。然而，从当下的司法实践看，我国既明确了数据人格化这一根本特质，又兼顾了市场主体通过合法手段获取和交易数据的正当权益。现在的普遍共识与实践是将个人数据权利的聚焦点放在个人信息及隐私等人格权利上，而非所有权或其他财产权利上。这意味着，对于政企组织合法采集或获取的个人数据，个人可以按照《中华人民共和国民法典》（简称《民法典》）相关规定，主张知情同意、补充更正、删除、查阅复制等人格权益来避免个人信息或隐私被滥用，但不能主张从组织的数字化收益中获取财产性商业利益。

此外，个人数据虽然是数据的重要组成部分，但显然不是数据的全部。对于国家治理及许多企业数据应用而言，由于个人数据是其大数据应用的基础，例如人口数据、位置数据、交通数据、教育数据、医疗数据、安保数据等，因此对数据权利的探讨才都集中在以自然人为数据主体的利益问题上。

虽然非个人数据从现实角度看纯粹是涉及数据财产权的问题，但让我们打开脑洞进一步思考，如果未来的AI技术使智能机器有了自我意识，或者说未来的生物科技使克隆人成真，那这些智能机器基于自我意识所产生的数据，是个人数据还是非个人数据呢？它们所拥有的数据权利是一种人格权利还是一种财产权利呢？

这必然又会引来一番有趣的探讨。

2．主张财产权利的前提是人格权利的保护

兼顾个人数据权利的人格化与财产化

我们以欧盟的《通用数据保护条例》（General Data Protection Regulation，GDPR）为例，作为早期个人数据保护的全球典范，它虽然赋予了个人一系列数据保护权利，但这些权利是为了保护个人隐私等人格尊严，并不包括财产所有权。

而相关的数据法律通常都需要权衡和兼顾众多目标，例如，个人数据保护不能罔顾商业利益和公共利益而走向绝对化，企业对个人数据的获取及使用也不能以牺牲个人隐私为代价。在每个时代的不同阶段，政策制定者们都会明智地、因地制宜地制定相关法律规制来解决当前社会发展的主要矛盾。

政企组织可以主张个人数据的财产权利

当下的实践是政企组织可以对个人数据主张财产权益，前提是需要满足个人数据保护和隐私保护的相关要求，并且该组织是通过劳动投入合法取得和处理数据所形成的数据产品及服务。换句话说，如果具有财产权益的数据产品或服务中涉及个人数据，个人对其数据的人格权益可以和组织对数据产品及服务的财产权益共存，并由不同主体享有，就好比商业秘密中包含个人隐私或客户信息并不妨碍企业享有商业秘密权一样。

当然，这并非说个人就完全失去了数据权利，只是将数据权利限定在人格权益保护的范畴内。《民法典》仍然赋予了每个人对其数据信息的知情权、查询权、复制权、更正权、删除权等一系列权利。举例来说，某个企业通过劳动投入制作了一款 App，这款 App 需要通过采集用户的日常使用行为进行内容的推送和广告的营销，而这些都被写在了用户注册时的使用条款和协议中。如果人们觉得自己追求的是一种绝对化的个人数据权，那便可以放弃注册和使用。就算注册使用了该款 App，当人们不再有需要或者不再想自己的数据被使用的时候，也可以撤回同意并要求企业删除个人数据。特别是在遇到大数据杀熟、价格歧视、算法误导、数据贩卖、数据诈骗、

隐私泄露等人格权益受到差异化对待或侵犯时，我们可基于个人所拥有的数据权利进行必要的维权。

至此，我相信大家心中一定会有这样的疑问：除了人格权利方面的数据权利，个人难道就无法对自己所产生的数据主张财产权利吗？

2.1.2 未来如何主张个人数据的财产权利

数字时代随着人们越发重视数据的价值，个人主张数据财产权利的需求会越来越旺盛，数据可携带权或许可以帮助人们实现个人独特数据价值变现的主张，各个国家也正在努力实现这一愿景。

1. 个人需要主张数据的财产权利

如果说个人用户通过“知情同意”让渡一部分个人数据给到数据处理方（通常也是数据服务提供方），以换取一定程度数字化服务的行为可以被视为主张财产权利的一种表现，那如果个人用户不满足或不满意于当前数据处理方所提供的服务，我们是否有能力掌控个人数据并将其交给任何一个我们想交付的数据处理方呢？

举例来说，当个人用户发现自己的数据被数据处理方滥用而造成了“价格歧视”或“人格侮辱”时，我们是否可以将数据转移并托付给更值得信任的另一方呢？再如，我们在一家医院看病、体检、用药和诊疗所产生的数据，再去到另一家医院时不得不通过差不多的流程重新产生一套这样的数据，为何不能要求将个人数据转移到患者更信赖的医院去，并减少患者在这个过程中所花费的精力和财力呢？又如，用户在视频平台或音乐平台上所产生的个人喜好能否轻松转移到一个内容及版权更多的平台上，以获得更多的内容及更好的服务呢？当然，这些目标的实现需要在组织机构间建设数字化基础设施，需要不小的投入，通常还需要更高级别主体的介入，如政府监管部门，类似政务领域的“一网通办”和“一网统管”。

随着在数据时代思想的觉醒，人们或许会更快地转变先前固有的思维方式：过去人们主要依靠劳动或金钱支付来获取产品及服务，而现在个人用户所获取的所谓“免费”的产品及服务，其实是通过“支付”时间、注意力、反馈建议和数据等“无形货币”而获得的。从这个角度来说，所谓用户就是数字时代的新型消费者，消费者有权利选择将自己的“货币”用在根据个人意愿所选择的商品及服务上。

2. 个人数据可携带权

这里不得不提到欧盟 GDPR 中关于“数据可携带权”的规定，这是对数据主体的一项创新权利规定：数据主体向数据处理方提供数据后，有权再次获取其提供的数据，而且获取的数据必须是通用化的且机器可读的，同时有权将其数据转移给其他数据处理方。

数据可携带权一方面赋予了数据主体掌控个人数据的机会，通过对个人数据权利的确认重新平衡数据产生方与数据处理方原本看上去不太平衡的关系；另一方面也减少了个人数据重复产生和处理过程中的资源浪费，促进数据处理方与服务提供者们之间良性的商业竞争，盘活个人数据资源，推动数字经济发展。笔者认为更重要的是，在这个过程中会要求数据处理方提供“通用”且“可读”的数据，这有助于推行国家数据治理统一标准，为扫除数据要素市场化配置过程中的标准障碍提供一定的基础。

然而，这里有许多细节问题亟待解决，如在知识产权、商业秘密等方面，特别是在数据可携带的跨境流动场景下，会有“数据走私”甚至是危害国家安全的风险。

2021 年 11 月 1 日，《中华人民共和国个人信息保护法》（简称《个人信息保护法》）正式施行。有人将《个人信息保护法》《民法典》中数据相关的部分与《中华人民共和国国家安全法》《中华人民共和国网络安全法》《中华人民共和国数据安全法》（分别简称《国家安全法》《网络安全法》《数据安全法》）并称为数据领域的“五法全书”。如果说《国家安全法》《网络安全法》《数据安全法》旨在保障基于数据的国家主权，那《民法典》更多的是在保障公民数据信息的财产权，同时《个人信息保护法》保障公民数据信息人格权，而财产权与人格权的结合又衍生出了个人数据可携带权，如图 2-1 所示。

个人身上的数据类别包括人脸数据、医疗数据、传感器数据、行为数据、金融数据、社交数据、基因数据、表观基因数据、微生物数据、代谢数据、蛋白质数据等，无论哪一类都是有价值的且是独特的。

举例来说，张三是一个健身爱好者，经常会使用健身软件，手机中的健身 App 收集了其按年记录的健身数据，从健身频率到项目爱好，从心率到时长，这些数据对其他任何一家健身机构而言都是宝贵的财富，同时这些数据也展示了张三在健身运动领域的“数字个体特性”。如果张三某天想要到新的健身机构办卡或购买课程，该机构则可以表示如果可以提供超过一年的个人健身数据，不仅可以量身定制最适合张三运动节奏的课程，还能免费送私教课，以此留住顾客。

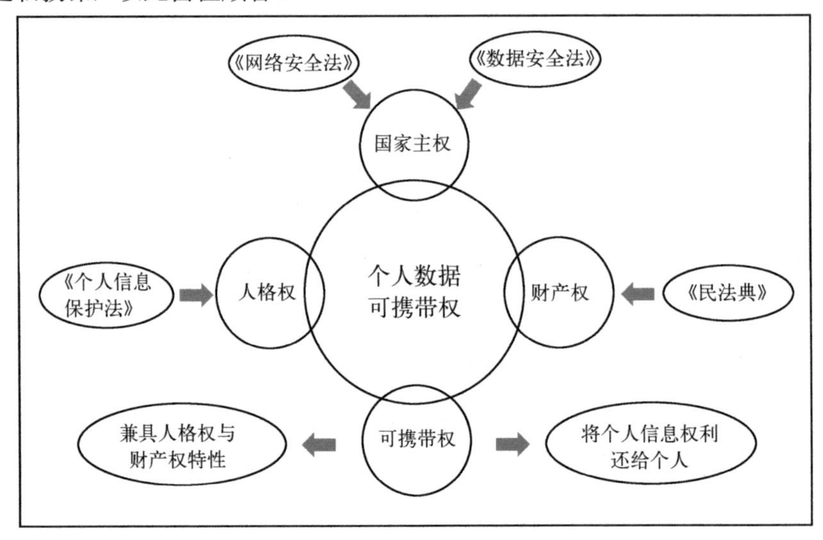

图 2-1　个人数据可携带权

可以说，个人数据的独特性是其价值变现的基础，独特的个人数据就像是一座金矿，而数据可携带权则是一张淘金者的通行证，保证了个人有勘探、采集和进一步变现的权利。

目前，用户在主流 App 的设置页面中可以查看个人数据，有些叫数据管理，有些叫个人信息浏览与导出，用户可以申请导出个人信息，平台根据申请会把用户的个人信息整理成可被直接读取的文件并通过邮件发送给用户。现在能导出的个人数据范围包括用户名、头像、简介、手机号、地区、邮箱、地址等，都属于用户主动输入的资料。或许有一天用户行为等被动收集的数据，甚至是更有价值的融合信息，也可以被赋予浏览与导出的权利。

3. 数据可携带权落地的不同模式

当然，“徒法不足以自行”。虽然目前相关的法律规制已经出台，但实现是难点。当你向机构申请个人数据导出的时候，提供方如何将数据提供出来并确保不涉及商业机密，个人如何判断得到的数据的真实性与完整性，接收方又如何判断这些数据没有被篡改等，这些都是现实问题。未来可能会出现类似数据审计师、数据代理律师、数字个体经纪人等新兴职业。当然，从事这些工作的可能是人，也可能是智能机器，他们保障个人数据权利并最大化个人数据权益，甚至还可能基于数据打造个人专属的“数字个体人设”。

DTP

目前，有些国家已经开始试行个人数据可携带权的落地。美国模式可以称为开源数据传输项目（Data Transfer Project，DTP），该模式是由谷歌、脸书、微软、推特四家科技巨头联合发起的，该模式的原理如图 2-2 所示。这四家平台之间的用户数据可以直接通过互认的协议进行传输，例如在脸书上存放的个人数据可以一键转存到谷歌云上，推特上的个人通讯录数据也可以一键导入微软邮箱。然而在这种模式中，数据的流转及其规则的制定仍限定在局部企业之间，还不是完全意义上的开放。

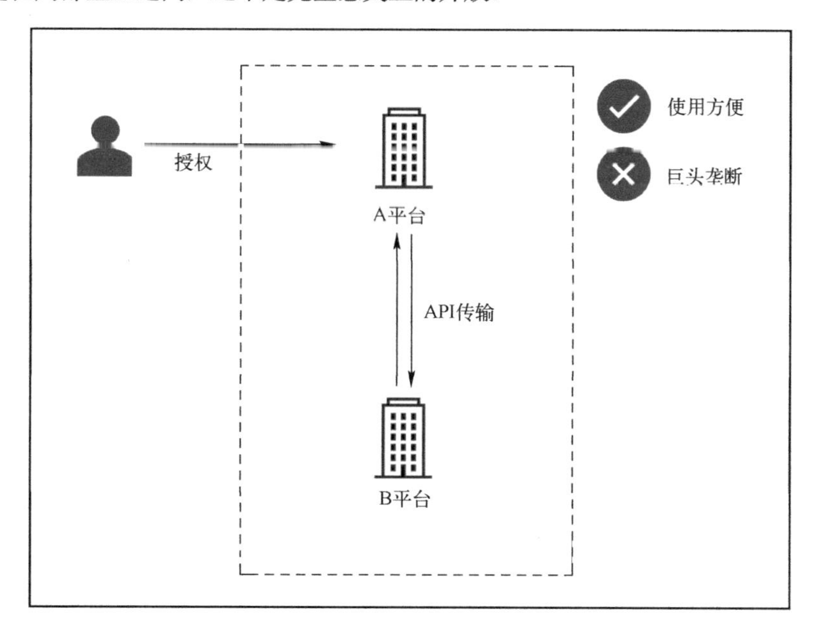

图 2-2　DTP 原理

MyData

韩国模式称为 MyData，由政府发放牌照并指定数据运营商对个人数据进行统一的存储和管理，该模式的原理如图 2-3 所示。当用户通知 A 平台把数据转给 B 平台时，A 平台先把数据传到持牌运营商，然后再由运营商传送给 B 平台。这个模式虽然引入了政府，全程有监管，但缺点是持牌运营商与用户平台之间的利益冲突，因为运营商本身也可以做用户数据业务。

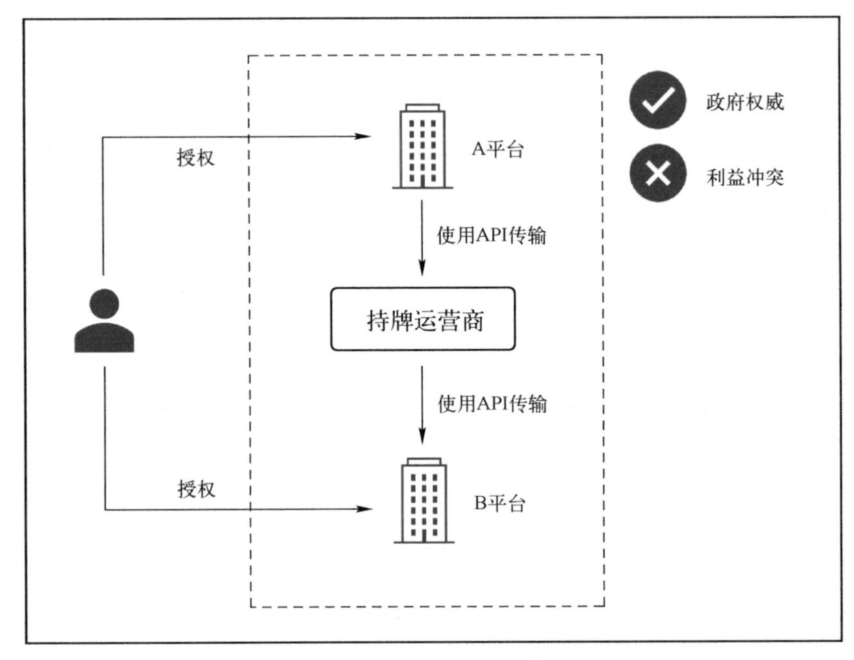

图 2-3　MyData 原理

通常来说，发放牌照意味着资源的稀缺，从而存在垄断的风险，例如我们熟知的互联网支付牌照、网络游戏牌照、网络媒体视听牌照、电信业务牌照等。与 DTP 不同的是，该模式的垄断风险所涉及的实体范围更大。

DDTP

回到我国的探索，深圳金融区块链发展促进会（FISCO 金链盟）与微众银行等企业共同发布了《个人信息可携带权中国路径倡议白皮书》，提出了分布式数据传输协议（Distributed Data Transfer Protocol，DDTP），利用产业区块链的特性使数据的传输、存储与使用透明化，从而避免了巨头的垄断。该模式的原理如图 2-4 所示。

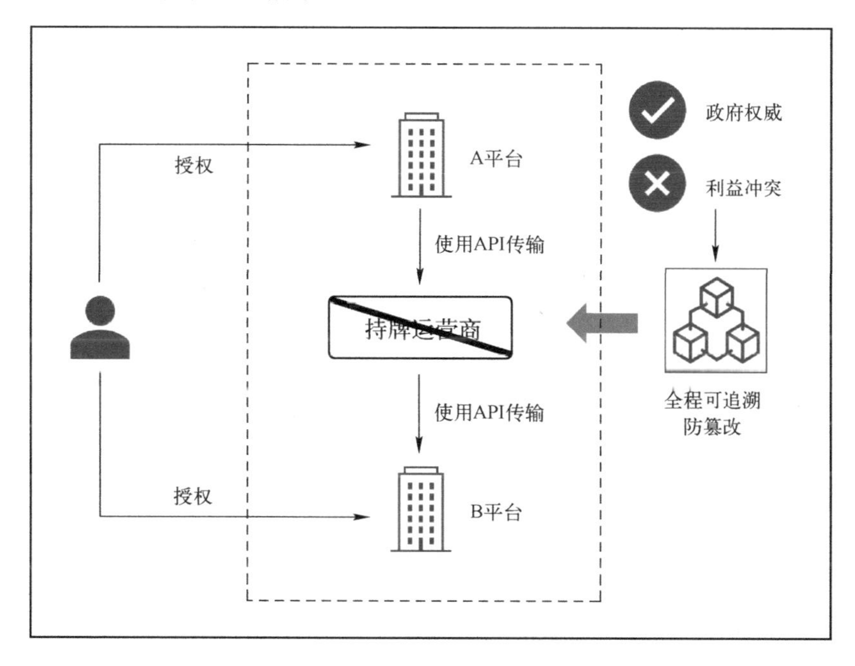

图 2-4　DDTP 原理

产业区块链融入之后会把全程可追溯防篡改的特性带入数据可携带循环，这就是“分布式数据传输协议”（见图 2-5）。用户可以先把个人数据，例如医疗、健身、社交等数据，导入某个存储地点，可能是某个云，也可能是家里的计算机，由国家指定的权威机构监督整个存储过程，防止篡改和遗漏，以提供权威性；再由这个机构把数据文件的哈希值（并非原文件本身）存储在中立的产业区块链上，以提供反垄断特性。数据文件的哈希值可以简单地理解为文件的数据指纹，这个文件中发生的任何微小的变化都会改变这个指纹。因此，理论上这个世界上没有两个文件的哈希值是完全相同的。

目前看来，DDTP 模式完全落地尚待时日，但从立法的角度来说，个人数据的财产权利主张与价值变现在理论上已有了基础。

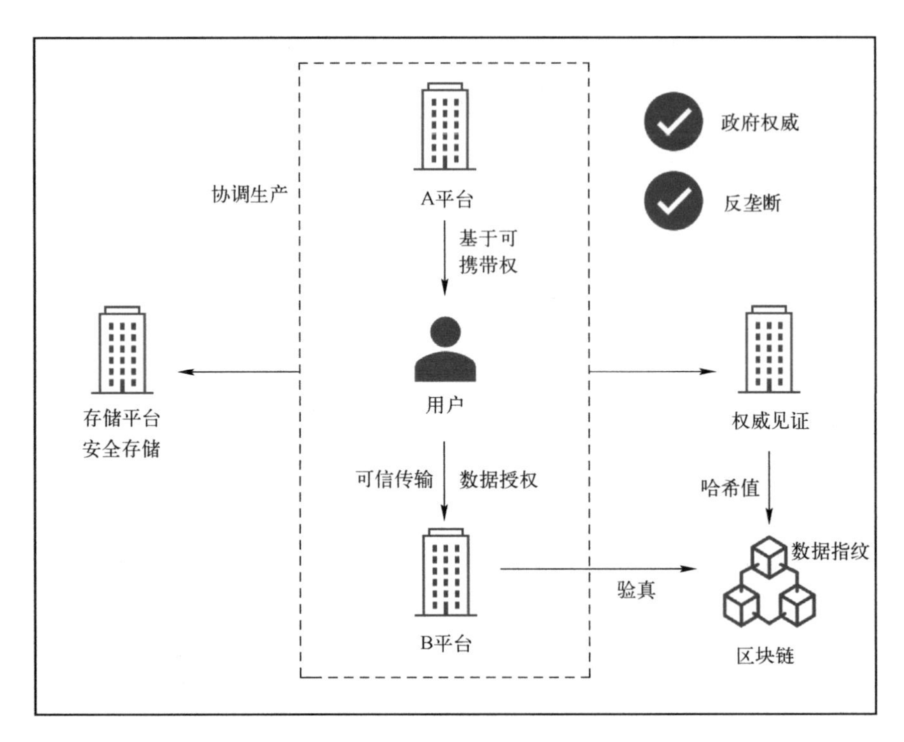

图 2-5　我国数据可携带权的分布式数据传输协议

2.1.3　体内的数权之争

未来，个人数据不仅会存储在数字设备中，也会存储于体内的各种传感器中。这些关于生物活动的数据要素会参与市场化配置，也会带来个人隐私保护与商业、社会利益平衡的问题，因此，我们需要探讨体内数据的权利性质及其效用边界，以窥见可能的未来。

1．未来个人体内也将产生数据

随着生物科技的发展，个人能产生的个体数据已不局限于行为数据本身，生物科技带来了生物体内的全面数字化。通过在人体中植入医学诊疗设备、功能增强设备、微芯片或体外穿戴设备，我们就可以收集到个人活动的各类信息，进而进行数据统计、分析和预测。未来，我们甚至还有机会看到利用 DNA 来存储数据的生物存储技术。

瑞典 BioHax 公司的创始人曾在 2018 年宣称：仅在瑞典，就有约 4000 人已植入微芯片，国外也有同等量级的试用者。通过读取芯片，组织可以准确识别、验证或追踪个体。这一技术已经或即将投入实践的应用场景包括：乘客登车时通过读取芯片来验证身份，用于安全防护的内部识别和验证，甚至还有超市识别顾客等。

进一步地，从科技向善的角度试想，未来医疗卫生部门可以利用体内传感器调取群体生物数据来统计不同区域民众的卫生健康状况，并因地制宜地制定差异化的医保及福利政策，以此来提高资源使用效率；公检法部门可以调取某个人体内智能心脏起搏器或智能手表所收集到的心率数据，从而作出更公正的判罚；保险公司可以通过数据交易获取个体的生物数据或机动车的设备数据，以加快医疗险和车险的理赔进度等。这些都是体内数据的向善应用。

人类在长期的进化过程中，体内首次出现了这样一种“器官”：其虽然执行着生物功能，并进行信息收集，但反馈的对象却不是我们的大脑，而是体外世界里的某个机房，而且整个过程我们自己无法控制，包括决定收集什么信息、何时收集、何时上传等。除了采集，数据的传输、计算、存储、分析等都游离体外，脱离我们的思想和意志而存在，可以被外界以意想不到的方式所使用。从数据中心的角度来看，人体只是一个个收集数据的终端。从某种意义上来说，携带智能设备生活的人体或许才是真正的“数字孪生体”。

2．体内数据的人格权利探讨

探讨数据处理方是否可以收集和处理体内数据，我们需要参考相应的法律规制。《个人信息保护法》将个人信息区分为敏感个人信息与非敏感个人信息，并出台了相应的“敏感个人信息的处理规则”；而《民法典》将个人信息区分为私密信息与非私密信息，同时明确规定了个人信息中的私密信息适用有关隐私权的规定，非私密信息适用有关个人信息保护的规定。因此在探讨体内数据的人格权利时，我们需要厘清它到底属于个人隐私、个人敏感信息还是个人信息。

体内数据是否是个人隐私

《民法典》将个人隐私定义为“自然人的私人生活安宁和不愿为他人知晓的私密空间、私密活动、私密信息”。下面从私密空间和私密信息两部分来探讨个人体内数据是否为个人隐私。

（1）体内空间是否是私密空间？笔者认为，人体的体内空间属于秘密空间。有些质疑的观点认为，在体内空间中基于“用户同意”所植入的智能设备，其收集、处理、计算和分析数据信息的过程并不发生在体内空间中，而是发生在相对的数字空间中，因此严格来说不属于个人的私密空间。这涉及人体内的实体私密空间所映射出来的虚拟数字空间是否具有相同的私密性、数字空间是否存在绝对的隐私属性、虚拟空间是否存在明确的物理边界、植入设备是否属于个体的一部分并享有身体权等一系列议题。

基于传统理念，笔者倾向认为，无论是体内物理空间还是基于体内生物空间产生的数字空间都应当属于个体的私密空间，当人们签署“用户同意协议”时只是认可了开放这部分空间的使用权力，使其成为某种意义上的“共享空间”，这是一种通过让渡部分个人权利来获取服务的行为。

（2）体内产生的数据是否是私密信息？《民法典》明确了私密信息是指任何私人不愿意公开的信息。只要这种隐匿不违反法律和社会公共道德，都构成受法律保护的隐私，一般包括个人生理、身体信息、健康状况、财产状况、家庭情况、生活经历等。

因此，可以认为体内产生的数据原则上是私密信息，但如果自然人愿意公开，比如同意了“用户同意协议”中数据可用于公开的相关条款时，体内数据就不再属于私密信息。

综上，笔者认为体内数据原则上属于个人隐私。隐私与个人信息不同，个人数据信息有流通价值，具有可利用性，而隐私原则上不能利用。只有在获得用户同意后，在个体愿意定向开放体内数字空间和公开体内信息后，数据处理者才能收集和处理个体的体内数据。

体内数据是否是个人敏感信息

《个人信息保护法》将敏感个人信息定义为“一旦泄露或者非法使用，可能导致个人受到歧视或者人身、财产安全受到严重危害的个人信息，包括种族、民族、宗教信仰、个人生物特征、医疗健康、金融账户、个人行踪等信息。”

个人敏感信息是个人信息的一部分，而敏感信息与私密信息之间又存在交叉。有些个人信息既是私密信息也是敏感个人信息，如医疗健康、性取向等；有些个人信息虽然是私密信息，却并不是敏感个人信息，如个人的嗜好、婚姻状况等；有些信息是敏感个人信息却未必是私密信息，如种族或民族、宗教信仰、政治主张、面貌特征等。

因此，笔者认为如果体内数据所表征的信息不足以使个人的人身、财产等受到伤害或歧视，例如个体某个时刻的心跳、血氧量等，那这类体内数据就不是敏感数据，反之则可能是敏感数据。

如果体内数据被视为敏感数据，数据处理方只有在获取用户同意后，才能进行采集和处理，并保障个人敏感数据的数据安全。

▶▶ 体内数据是否是个人信息

《民法典》将自然人的个人信息定义为“以电子或者其他方式记录的能够单独或者与其他信息结合识别特定自然人的各种信息，包括但不限于自然人的姓名、出生日期、身份证件号码、生物识别信息、住址、电话号码、电子邮箱、健康信息、行踪信息等”。显然，这是基于“识别论”的个人信息判别方式。

通常每台智能设备都会有唯一的标识ID，在后台的数据库中这些标识ID会与使用者的标识ID关联起来。如果使用者的标识ID可以被用来识别使用者的真实身份，例如证件号与姓名等，设备采集的体内数据就属于个人信息范畴，反之就不是。因此，如果数据收集方通过合理合规的数据匿名或数据脱敏技术“斩断”与个人身份的关联，这些数据就可以被其使用或向他人提供。

《深圳经济特区数据条例》第二十六条就明确指出：“数据处理者向他人提供其处理的个人数据，应当对个人数据进行去标识化处理，使得被提供的个人数据在不借助其他数据的情况下无法识别特定自然人。”由于对个人身份数据进行了匿名化等特殊处理，数据接收方一般无法识别到特定自然人，所以对去标识化后的个人数据保护要求可以适度降低。该条例还指出，在获得自然人的同意、订立或履行合同所必需、配合公共管理和服务机构依法履行公共管理职责等例外情形下，可以向他人提供相关个人数据，而不需要进行去标识化处理。这里其实是注重了个人权益保护与产业发展、公共利益之间的平衡。

特别需要注意的是，在获取用户同意并保障数据安全的情况下，作为个人信息的体内数据和隐私不同，“获取用户同意”只是收集、处理个人信息的必要条件之一。如果个人已经自行公开信息，比如在社交媒体上已经公开自己的姓名、证件号、手机号码等这种可以关联到个人身份的信息，还上传了带有体内设备 ID 的包装盒照片，那基于将自行公开视为默认同意的原则，数据收集方为了履行合同或者出于公共利益的考量，无须再经过自然人的同意，就可以处理或向他人提供其收集的个人私密数据——无论体外的还是体内的。

在人体全面数字化的未来，我们将会遇到的困境是，人们生活在一个“数实共生”的世界，但法律规制却仍有可能“数实分离”，假设为了弥合这样的割裂而将隐私保护和数据治理制度向体内世界延伸，这本身就又会成为一个充满争议的隐私及伦理问题。

再进一步试想，在未来生物科技发达之后，如果将数据存储在人体的 DNA 上，当我们个人跨境流动时，体内的数据权利又该如何进行保护、确权或约束呢？

2.2 组织的数据权利

如同人类需要氧气、机器需要能源一样，组织想要在数字时代谋求生存与发展，就离不开对数据资源的勘探、采集、加工和使用，否则就像造房子的没有水泥和砖瓦、搞农业的没有种子和肥料、做制造的没有原料和设备一样，巧妇也难为无米之炊，想象一下没有咖啡豆的星巴克吧。因此，可以说数据权利将可能成为未来组织生存与发展的基本权利，我们分别从数据的财产性权利和数据的基本使用权利两方面进行探讨。

2.2.1 组织的数据的财产性权利

1. 保障的原因

由于掌握及处理数据的能力不是与生俱来的，这个过程中组织需要投入大量的资本、技术与劳动力等生产要素才能形成有价值的数据资产，而这些数据一来可以保证组织得以行使相应的数据权利，二来又可能是下一轮生产活动所必需的"基础设施"和"生产要素"，因此，具备数据竞争力的组织对其投入劳动来收集、加工、整理、生成的数据和数据产品享有财产性权利，这是首先要被认可的。

2．保障的案例

当前，在互联网领域，随着数据的价值日益凸显，数据爬虫、数据窃取、数据黑产等恶意行为频频发生，正常的商业秩序遭到破坏。竞争对手在不进行任何投入的情况下，任意收割其他企业通过长期经营和劳动投入而获得、积累的数据，并开发竞争性服务，这是对创新的巨大打击。不过，对于商业领域愈演愈烈的数据不正当竞争行为，国内开展了积极的司法实践，并通过司法裁判规则为数据竞争划定法律边界。

▶▶ 腾讯诉斯氏微信数据抓取案

本案中，原告腾讯公司认为，被告斯氏公司利用爬虫技术抓取微信公众平台中的信息内容及数据，并对外提供公众号相关数据服务。原告认为，被告的数据抓取行为突破了微信公众平台的防护措施，妨碍了平台的正常运行，构成了不正当竞争。法院认为，原告对微信公众平台的数据资源整体具有竞争性利益，被告的行为突破了微信 IP 访问的限制和封禁措施，给原告的服务器造成了额外负担，加大了原告的运营成本，破坏了微信产品的正常运行机制，违反了诚实信用原则，未尊重信息发布主体的意愿，并不属于技术创新，构成了不正当竞争。

▶▶ 抖音诉小葫芦直播数据抓取案

本案中，原告抖音公司发现被告六界公司开发运营的"小葫芦"产品未经原告许可，长期采取不正当技术手段，非法抓取抖音直播平台的用户直播打赏记录、主播打赏收益等相关数据，并以付费方式向其网站用户提供。原告认为，被告的数据抓取行为突破了原告的数据防护措施，严重损害了抖音用户的体验和数据安全，导致了抖音流量受损，构成了不正当竞争。对此，法院认为，原告对直播数据投入了大量运营成本，具有应予保护的商业利益，被告令原本无法通过自然人为方式获取的数据能够通过公开途径获取，容易破坏原告的用户黏性，损害了原告的竞争优势，且侵犯了打赏用户和主播的个人信息权利，对数据使用没有任何创新。因此，法院认定被告的数据抓取行为构成不正当竞争。

2.2.2 组织的数据的基本使用权利

1. 分布不均的数据资源威胁了组织的数据权利

用“旱的旱死、涝的涝死”来形容当下可采集、可处理的数据资源在不同行业、不同企业间的分布毫不为过。虽然没有官方的统计，基于二八原则估计，目前 20%的数字原生企业掌握着超过 80%的数据，而且随着可采集数据量及采集与处理难度的进一步增加，预计这个数字还会进一步增长。而传统行业中（例如农业、文旅、地产等）非数字原生企业所能掌握和利用的数据、数字化工具及数字化人才非常有限，同时它们又意识到此事的重要性，因此才有当下全面数字化转型的浪潮。

不仅是企业组织，我国不同省份的政府机构也面临同样的数据资源分布不均衡的问题。例如，政务、交通、教育、医保等领域的大数据，其可采集与可处理的数据量、数据种类和处理的复杂度等是与人口数量和社会数字化程度息息相关的，不同省份间悬殊的人口比例和数字化程度的差异直接导致了数据资源的不均衡。当前，数据资源已经被认定为一种新型的生产要素，笔者认为，这在某种意义上是对“政企组织是否应当具有最基本的数据权利”这一观点“定了基调”。虽然我们无法让所有组织实现“数据高收入”，但至少可以通过政策、市场、法律等方面的保障和支持来实现“数据低保”，解决数据要素分布不均衡的问题，促进数据流动与共享。

2. 数据反垄断措施保障了组织的数据权利

技术让知识（数据）获取成本越来越低，垄断让价格越来越高。数字经济的反垄断围绕着平台、数据和算法开展。其中，作为企业竞争力的重要来源之一，数据在认定企业的市场支配地位时具有显著的意义。在智能时代的三要素（数据、算法、算力）中，数据显然是某种必要设施，起到了决定性的作用。

一段时间以来，美国和欧盟竞相开启了对谷歌、苹果、亚马逊、脸书的反垄断调查，从数据参与市场竞争是否不可或缺、数据是否存在其他获取渠道、数据开放的技术可行性、开放数据对占有数据的经营者可能造成的影响等方面着手，判断数据是否构成必要设施，并予以规制。欧盟委员会发布的《欧盟数据战略》将数据共享定为“垄断性企业”的法定义务，以促进数据流动。2021 年 1 月，德国联邦议会通过的《数字竞争法》，明确了如果数据构成竞争的必要设施，相关企业特别是具备垄断性地位的企业不得拒绝或限制数据的可移植性，从而妨碍竞争。

目前，国内所能看到的措施是从国家层面不断推进的公平、平等的政府数据开放机制，以及科技巨头为了公共利益参与的集体数据共享。过去有“南水北调、西电东输”，现在有“中央开仓、豪绅支持”，不同的是由于数据资源的可复制性，这一过程并不会减弱原数据拥有者对数据的控制。此外，各地新建的数据交易中心促使数据在市场经济条件下可以更加自由地流通，个人的数据可携带权也会给原有的“数据低保”组织提供另一种新的可能。

3．必要的数据处理能力也是组织数据权利之一

组织的数据权利不仅包括对数据资源或数据要素的拥有，还包括处理和利用数据的能力，后者就要求将数据相关的基础设施建设纳入“低保扶持”的范围。例如，各地区、各行业在政策支持下所建设的城市云、政务云、行业云等，不但在特定领域内可以实现数据资源的共享流通，还能帮助中小组织节约数字基础设施建设的投入，使数据与工具可以“开箱即用”。举例来说，我国虽然是农业大国、工业大国，但这些领域的数字化能力却相对较弱，行业分散度高，数据敏感度相对较低，建设特定的工业云、农业云从理论上说可以收到显著成效。

2.3 数据即权力

与权利不同，权力是一种公权。在数字时代，谁掌握了数据，谁拥有处理多源异构的海量数据的能力并从中获得数据价值，谁就可能有构建数字竞争规则的话语权，即某种意义上的数据权力。我们需要认识到数据权力的影响力、滥用数据权力的危险性，始终避免数据权力的垄断，并平衡好数据民主与数据专制之间的关系。

2.3.1 数据如何成为一种权力

1. 数据价值是其成为权力的条件

据说第一个将数据与石油进行比较的人是英国数学家克莱夫·洪比（Clive Humby），他曾提出“数据就是新的石油”。他说：“数据是有价值的，但如果没有提炼，就不能使用。必须像石油一样转化为气体、塑料、化学品等，以创建一个有价值的实体，推动营利活动。因此，必须对数据进行分解和分析，使其具有价值。”几年后，IBM 首任女性董事长、主席、行政总裁弗吉尼亚·罗曼提（Virginia Rometty）将这句话改为“大数据是新石油”。如果说刚开始人们关注的是数据的价值，那么在关注其价值的基础上，人们渐渐开始关心其价值体量与所能带来的经济效益。

类比法律领域的“权利”（Right）与“权力”（Power）之分，如果我们仅仅把数据视为某种基础资源，对其加以利用和开发来获得经济利益，那么我们探寻的便是一种数据权利（例如数据勘探权），这是一种私权；如果我们把数据视为某种战略资源，对其加以利用以达到治理国家的目的，那么我们要求的便是数据权力，这是一种公权。

2. 过去知识是一种权力

经典的 DIKW 体系是关于数据（Data）、信息（Information）、知识（Knowledge）及智慧（Wisdom）四者之间关系的体系模型。它向我们展示了将数据转换为必要的信息，再进一步将信息提炼为有用的知识模型。

现代社会，受教育权是公民的基本权利之一。而在过去特殊的年代、在某些国家，受教育被视为一种特权，尤其高等教育是为精英阶级和贵族所服务的。小部分人通过教育掌握了知识，而大部分人没有掌握知识，于是这小部分人通过对知识的获取与掌握，来管理人民与治理国家，从这个意义上来说，掌握知识就是获取权力的途径之一。

时过境迁，现在人们可以利用数据来提炼知识，因此不难推导出掌握数据也可能是数字时代获取某种权力的途径之一。

3. 对数据的占有和处理的能力之间失衡是新特权形成的基础

时至今日，教育得到了普及，知识变得更容易获取，然而对数据的占有与处理能力之间却存在着失衡的现象。

虽然个体产生了个人数据，但个体数据的价值远比不上海量个人数据融合之后给国家和企业在组织治理、经营决策、政策制定等方面带来的价值。然而，个人通常又不拥有足以产生强大影响力的数据及处理海量异构数据所需的算力与技术能力，更不要说那些个人无法收集和处理的机器数据了。这就导致只有少数资源充沛的大型组织才有能力掌握和处理大量数据。

处理、使用数据的能力是新型权力的基础，它既可以是“数字石油”，也可以是“数字火药”。数据既是权利也是权力，而且可能是属于少部分人或组织的特权。正如美国学者杰克·巴尔金所言，权力和权利不对称是信息社会的核心特征。

2.3.2 滥用数据权力的危险性

1. 数据权力的影响力

过去由于信息处理能力有限，集中化收集和处理信息的方式是低效的。进入 21 世纪，飞速发展的数据技术，配合数据集中化处理的效率优势与信息优势，相比于分散式的数据处理，使数据信息拥有者比过去有了更大的决策优势与权力优势。尤其当数据信息技术与生物识别技术（例如人脸识别、声纹识别、指纹识别等）融合时，这些优势可能会变得更明显。

当数据和算法比人们更了解自己时，它可以潜移默化地改变人们的想法——过去可能只是破解社交媒体或者电子邮件账户，今天可能是不知不觉地左右人们的情感，带来潜移默化的影响，因为人们可能会把这些利用个人数据加工后所产生的观点与决策当成自然产生的。

2. 易被控制的数据权力

70 多年前，麻省理工学院的教授诺伯特·维纳的奠基性著作《控制论》

出版，成为控制论诞生的一个标志。作为控制论在不同学科领域的延展，诸多新兴学科随后诞生，诸如神经控制论、生物控制论、医学控制论、工程控制论、军事控制论、经济控制论、管理控制论、社会控制论、人口控制论等。20世纪70年代前后，面对复杂的经济社会问题，随着半导体技术的发展和计算机的广泛应用而逐渐形成的全球信息系统，为控制论的进一步发展提供了动力和条件。

其中，反馈回路可以说是维纳系统控制论的核心，即收集和解释反馈数据，从而控制系统并调整系统目标。维纳认为，只要有足够多的反馈数据与反馈回路，任何系统都可以朝着我们想要的样子去发展，这对于今天基于反馈数据的智能机器学习系统来说同样适用。维纳的反馈理论为这些系统提供了理论和实践的基础。

通常，无意识的数据流、信息流才应该是由反馈驱动的控制论的关键推动者，而不是某个人或某个组织。然而，这样一个系统，或者说反馈数据、反馈回路本身，在缺乏监管的情况下，也有可能被某些人或某个组织利用，从而影响人类社会的正常运转与长远发展。维纳本人其后也表达了这样的担忧。如今，建立在数据驱动基础上的海量数据应用系统，包括数据驱动的决策系统、推荐系统、机器学习系统等一系列数据权力应用，也表现出了类似的风险。例如由于屈从于商业利益，大数据杀熟、价格歧视、基于隐私泄露的电信诈骗等新型问题层出不穷。可见，被滥用的数据权力可以通过处理海量数据的应用系统直接作用于对象本身而形成影响和控制，其潜在的风险与危害要远高于控制数据本身。

2.3.3 避免数据权力的垄断

1. 谁是“数字老大哥”

亚马逊、苹果、脸书、谷歌、推特等少数大型科技企业已经在社会、经济和国家安全等重要领域拥有巨大的影响力。联合国发布的《2021年数字经济报告》指出，苹果、微软、亚马逊、Alphabet（谷歌）、脸书等最大的数字平台正越来越多地投资于全球数据价值链的每个环节：通过面向用户的平台服务进行数据收集；通过海底电缆和卫星进行数据传输；数据存储（数据中心）；通过 AI 等方式进行数据分析、处理和使用。这些公司的平台业务使其具有数据优势，但它们不再只是数字平台，而是已经成为全球性的数字企业，在全球范围内拥有强大的金融、市场和技术力量，掌握大量的用户数据。随着数字化进程的加快，这些公司的规模、利润、市场价值和主导地位在疫情期间得到了加强。

它们虽然在物理空间中仍受制于国家，但在相对缺乏监管的数字空间中，已经名副其实地掌握着巨大的权力，甚至已经开始在地缘政治中扮演着越来越重要的角色。它们与他国的科技企业、政府，甚至与本国政府在地缘政治中展开角逐。虽然过去私营企业也曾在地缘政治中发挥过重要作用，但就对世界的影响力而言，其无法与当今的科技巨头相提并论。如今的科技巨头通过网络、数据和数字化工具可以直接触达人们的生活，还可以影响国际关系。

谁拥有数据和控制数据的力量，谁就能在数字空间里获得更多的话语权。如今拥有数据的不仅是政府，也包括许多科技企业。从衣食住行到其他关乎民生的各方面，这些企业甚至掌握着横跨多国、多个领域的数据。如果出于某种原因，它们能影响当地的公共政策，那就促使它们成为某种意义上脱离原有国家体系的一种新型权力机构，超越了传统国家的概念。

下一阶段，我们或许会看到汽车、工厂、整座城市都会被互联网连接起来并完成数字化。以自动驾驶的智能汽车为例，它不仅像如今的互联网可以影响人们的行为、生活，甚至还能直接掌控人类的生存权——无论乘客还是行人的生命——基于数字空间的数据与算法影响物理空间的生存规则，如果政府无法有效地对数字空间进行掌控，或无法通过立法及时延伸到数据与算法所触达之处，那保障人民生命与财产安全的义务实则是要依赖科技公司来承担，与义务对等的权力从某种意义上说也就从政府让渡了出去。更不用说未来可能出现的新的“平行世界”——元宇宙，会对政府和政策造成怎样的冲击。

假设未来的一切，包括政治与生活，都融合了虚拟和现实，政府和科技公司势必会在虚拟和现实这两个战场上争夺权力，此消彼长。谁将会成为新的“数字老大哥”就在于此。

2. 构建理想的数权结构

互联网加速了全球化进程，而全球化在 20 世纪 90 年代改变了全球的政治和经济格局，我国或许是全球化最大的受益者之一。因此，人们普遍的美好愿望是希望在新的数字时代，数据作为公共品也可以自由地流动，信息可以被善意地有效传播。

科技巨头对数据及数据处理能力的过度集中可能会导致这样的情景出现：全球的某几个数据中心运营着跨国的数据，使少数人能够影响世界其他地区的各种政策，从而有能力对世界强加一种“愿景”，使得世界上不同的人们必须认同，否则就会被数字时代抛弃。他们可以凭借自己的意愿来决定谁可以加入这场“派对”，谁又该出局。很显然，这样由少数人就可以影响各地区政策的情景，与人们对未来民主、自由世界的设想是相左的。

数据和智能算法可能会赋予某些“老大哥”新时代独裁与专制的利器，通过控制数据和算法来统治世界，而这样的世界大概率不会实现多数人的利益最大化。

问题仍旧是，谁真正地控制数据并有能力做出改变？

如果让政府来控制和使用所有的数据，虽然解决了国家安全问题和社会稳定的问题，但政府是否有充足的能力与精力去解决所有市场化的数字经济发展问题呢？我们可能需要重新审视在数权时代政府的角色和定位。

可能的理想情景是：数字个体（包括数字个人、数字机器、数字设备等）产生数据资源；组织与个体共同拥有这些资源，组织通过合法劳动形成数据资产；组织可以使用数据来发展各自的业务，个体也有权利要求组织保护隐私甚至删除数据；组织应有法律上的义务防止数据和算法被滥用，政府也应通过政策引导这些组织基于数据和算法来回馈社会，为人民提供更好、更便捷的社会环境；政府需要基于相关的政策和法律规制，配合强有力的监管手段，以监管者的角色对重要及敏感的社会数据实行控制，以法治数。

对数据实施有力的控制可能意味着国家数据的富余，为了避免出现“数字老大哥”的现象，可以通过将国家数据向各级行政单位和社会机构开放共享，来避免数据的过度集中。数据不同于枪炮，它是有多个副本、可复制的。对同一数据对象的控制并不意味着其他人无法使用。因此，数据要素的流通共享，不仅意味着大家都能有富足的要素进行生产，刺激社会经济的发展，也是某种变相的权力下放与权力共享，最终使国家的数权结构与社会经济发展保持在一个平衡、稳定、健康的状态。

2.3.4 数据权力的民主集中制

1. 数据民主与数据集中

尤瓦尔·赫拉利教授在其著作《未来简史》中提道："民主与专制，本质上是两套不同的数据分析和信息收集的对立机制。"在20世纪，由于技术的局限性，数据的流动与使用既不高效也不透明，基于数据信息的决策只是一小部分数据管理者或是情报部门的权力。而在21世纪，我们收集和处理数据的效率史无前例地提高了，这或许会使原来那一小部分群体和某些数据垄断组织可以更高效地使用数据，但向善还是向恶则完全取决于决策者或组织个体，数据权力仍旧是集中的。这样的数据集中虽然从数据处理及分析的角度来看是高效的，但显然并没有发挥数据在数字时代所有的优势，即数据要素充分流通并参与市场化配置。相对于数据集中，数据民主的目标就是要赋予普通用户或一般组织——而非仅是数据巨头或政企组织——获得数据、分析数据、使用数据的权力。

完全的数据集中会阻碍数据要素的流动，抑制数字经济的发展，也会使得数据驱动的决策过于集中，造成决策爆炸。集中式的决策过于依赖领导者决策的正确性，还会使错误决策的影响程度增强；完全的数据民主虽然会使决策分散，但又会造成过去常说的数据孤岛，从而极大地增加了数据融合的难度。普通用户与组织由于缺乏数据治理的有效手段与工具，缺乏统一的标准，难以保证数据资产的整体价值，进而使数据的共享开放失去意义，亦会阻碍数字经济的发展。

笔者认为，为发展数字经济，我们应当建立数据及其权力的民主集中制。在数据民主的基础上通过数据流动实现集中的数据权力，在数据集中的指导下通过数据开放实现民主的数据权力，两者相结合共同服务数字经济发展。

2. 从数据平台模式到数据平台型生态体系

过去做数据项目，绕不开数据平台建设。虽然理论上数据平台并不是必需的，以至于在有些行业的大数据标准制定中都会刻意回避这一点，但由于组织集中式数据收集与处理的需要，加上近年来平台型思维的大热，导致统一数据管理平台在项目中不可或缺。统一数据汇聚、统一数据开发、统一数据资产、统一数据服务等概念似乎已深入人心，很少有人再去考量其背后的缘由与优劣。

笔者在某省的数字政府项目中，看到了这种局面的改变。政府的领导者开始不再局限于大一统的数据管理模式，而是从充分激发数据共享活力、发挥数据资产最大价值的角度出发，提出了要从集中式的数据平台模式过渡到民主式的数据平台型生态体系的要求和愿景。

数据平台模式是指由该省政府搭建的，以自身为核心的开放式数据协同体系。该省政府作为数据平台的主体，负责平台的整体支撑与运营。该省政府的相关机构及各市政府在满足一定条件的情况下均可自发地通过数据平台，既作为数据提供方又作为数据使用方，与省政府进行数据协作。数据平台型生态体系是指在数据平台模式的支撑下，构建自发自洽、具有内部价值链的数据协同网络。在数据平台型生态体系中，该省政府的相关机构按需并借助统一的数据技术实现网络状的松耦合。数据生态内组织间的数据协作与数据连接可以自发进行，数据传输时只需同步一份到中心平台上做统一的融合与资产管理即可，并没有要求只能在中心节点上做信息的解析与价值的变现，也就是没有要求有明确的数据权力中心。数据驱动的决策也是根据不同的行政范围进行分散、分层、分权的决策。

由于数据平台型生态体系具备自发自洽形成数据要素并使其共享流通的能力，所有参与者都可以基于“统一的数据语言”作出决策，同时，又由于数据平台的存在，参与者之间的数据流动都需与平台“自连”做统一的融合与资产管理，因此，中心的领导就有更为全面的数据来支撑决策。这或许就是数据权力的民主集中制在技术上的实现方式之一。

可以说，数据平台模式是单点主导、中心化的数据运营模式，而数据平台型生态体系则是基于该模式形成的价值传递协同网络，如图 2-6 所示。在典型的数据平台模式中，平台参与方之间的联系往往是以平台主体为核心的星形结构，例如典型的数据中台模式。而在数据平台型生态体系中，为使规模效应最大化，参与方之间的联系会逐渐演变成有中心效应的网状结构。

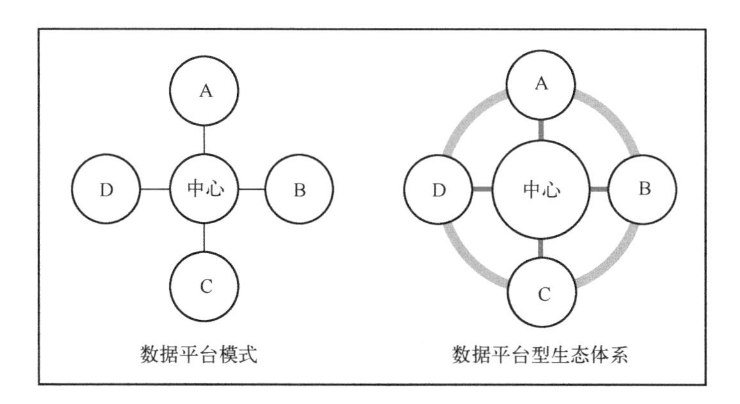

图 2-6　数据平台模式与数据平台型生态体系

这种具有统一的数据技术和数据治理支撑的生态体系能有效降低体系内的数据流通成本、共享数据资产，还能推动生态体系内各成员实现内部数据价值链的传递，使数据提供方可与尽可能多的数据需求方取得联系。生态体系中内部共享交换越频繁、交换的数据量越大，节省的成本也就越多，同时，每个成员所能行使的数据权力也就越大。

CHAPTER 3

03 第3章 建立数权新秩序

在当下数实共生的世界中，全球竞争同时存在于实体空间与数字空间，因此，数据权力亦是一种国家权力的体现。在数实共生的世界中，国家主权的行使疆域会扩展到数字空间，并由此影响实体空间的秩序。通过制定相关的数据战略和法律规制，并在管辖权范围内行使数据权力，从而彰显国家力量、实现国家意志，这成为大国竞争中一种不言而喻的默契。

本章通过探讨大国间数据战略、数据法治的竞争，分析围绕数据主权的全球博弈态势，讨论在捍卫数据主权原则下国家的数据治理观，并探讨数字空间命运共同体的全球价值观，倡导构建可持续发展的数权新秩序。

3.1 全球数据竞争态势

数据竞争包含国家数据战略的制定和实现、相关法律规制的建设等多方面的竞争，从技术竞争到法治竞争，全球数据法治高地的争夺将成为未来数字时代的主旋律。

3.1.1 大国数据战略的竞争

数实共生是指数字技术和实体世界深度融合，相辅相成，相互促进，一体化发展。当下的大国博弈日趋激烈，数据已成为一个国家重要的战略资源及竞争要素，而网络空间已经被视为继陆、海、空、天之外的第五大战略空间。从这个角度上说，大国博弈自然会从实体空间延伸到数字空间，数据主权的争夺是国家主权博弈的延伸。

越来越多的国家尝试对数据施以更强有力的控制，尝试在网络空间、数字空间维护国家的主权和边界。因此，数字空间中关于数据的战略制定、立法执法的政治意义也就凸显了出来。大多数欧美发达国家已经陆续出台各种与数据相关的战略规划，涉及顶层设计、技术能力、管理应用等方面，以期在这场新的博弈中获得竞争优势。

1．欧美国家的数据战略

2011 年，美国白宫科技政策办公室（OSTP）设立了大数据高级监督组，并牵头编制了《大数据研究与发展计划》，旨在协调和扩大政府对该领域的投资。2012 年，该计划正式对外发布，标志着发展大数据上升为美国的国家战略。这也符合其在 2008 年全球金融危机后传统产业转型升级与全球竞争力重塑的内在诉求。与此同时，在欧洲，法国工业、能源和数字经济部长埃里克·贝松于 2011 年发布了《数字法国 2020》，旨在支持数据使用，建立促进增长和可信的数据体制，最终提高数据使用效率。

2018 年，德国联邦政府出台了《高科技战略 2025》。2019 年年底，美国政府的白宫行政管理和预算办公室（Office of Management and Budget，OMB）发布了《联邦数据战略与 2020 年行动计划》，提出要将“数据作为战略资产开发”的核心目标，要重点改进“特定”数据资产的管理和使用，这是美国政府对待数据的焦点从“技术”到“资产”的转变。2020 年 2 月，欧盟发布《欧洲数据战略》，提出的目标则是将欧盟地区打造成最具吸引力、最安全、最具活力的数据敏捷型经济体。2020 年 9 月，英国政府发布《国家数据战略》，其核心是围绕数据资源的加工处理和价值释放，确保数据所依赖的基础架构的安全和韧性。

欧美国家部分数据战略的发布时间线如图 3-1 所示。

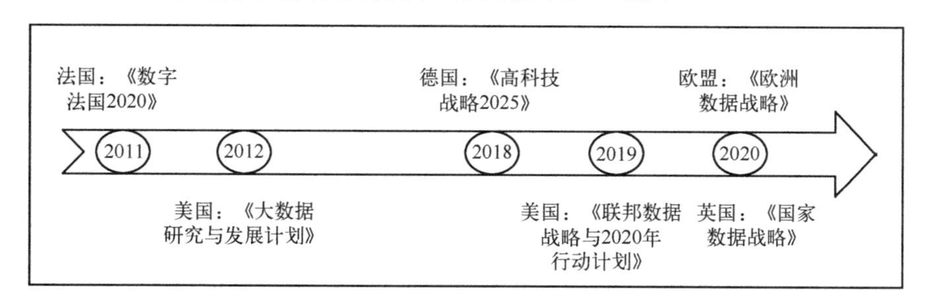

图 3-1　欧美国家部分数据战略发布时间线

2. 我国的数据战略发展

2014 年，我国首次将有关大数据的议题写入政府工作报告。2015 年 9 月，国务院印发《促进大数据发展行动纲要》，明确要求“加快建设数据强国”。2016 年 3 月通过的《中华人民共和国国民经济和社会发展第十三个五年规划纲要》明确指出，要“实施国家大数据战略”，同年 12 月工业和信息化部发布了针对数据领域的第一个五年计划——《大数据产业发展规划（2016—2020 年）》。

2018 年以后，我国数据战略进入深化阶段。2019 年 10 月，党的十九届四中全会审议通过的《中共中央关于坚持和完善中国特色社会主义制度、推进国家治理体系和治理能力现代化若干重大问题的决定》首次增列“数据”作为生产要素，时任国务院副总理刘鹤撰文指出，这“反映了随着经济活动数字化转型加快，数据对提高生产效率的乘数作用凸现，成为最具时代特征新生产要素的重要变化”。2020 年 4 月，中共中央、国务院又发布了《关于构建更加完善的要素市场化配置体制机制的意见》。笔者相信，若干年后我们会发现这个战略决策对我国经济社会发展所产生的深远影响。中国信通院发布的我国数据战略的布局历程见表 3-1。

表 3-1　我国数据战略的布局历程

阶段	时间点	战略布局
酝酿阶段：重视数据价值，“大数据”成为热点	2014 年 3 月	我国大数据政策元年：“大数据”首次写入政府工作报告
	2015 年 8 月	国务院印发《促进大数据发展行动纲要》
落地阶段：促进数据应用，实施国家大数据战略	2016 年 3 月	大数据上升为国家战略：《“十三五”规划纲要》专章提出“实施国家大数据战略”
	2016 年 12 月	工业和信息化部发布《大数据产业发展规划（2016—2020 年）》
	2017 年 10 月	党的十九大报告提出“推动大数据与实体经济深度融合”
	2017 年 12 月	中共中央政治局就实施国家大数据战略进行集体学习
	2019 年 3 月	“大数据”连续 6 年写入政府工作报告

续表

阶段	时间点	战略布局
深化阶段：明确数据要素地位，加快数据要素市场化建设	2019 年 10 月	党的十九届四中全会首次公开提出“数据可作为生产要素按贡献参与分配”
	2020 年 4 月	《关于构建更加完善的要素市场化配置体制机制的意见》将“数据”正式列为新型生产要素
	2020 年 5 月	数据要素市场化配置上升为国家战略：《关于新时代加快完善社会主义市场经济体制的意见》提出“加快培育发展数据要素市场”
	2021 年 3 月	《“十四五”规划和 2035 年远景目标纲要》发布，大数据发展融入各篇章中
	2021 年 11 月	《“十四五”大数据产业发展规划》发布，大数据产业的高质量发展成为主题

2022 年 12 月，《中共中央 国务院关于构建数据基础制度更好发挥数据要素作用的意见》对外发布，从数据产权、流通交易、收益分配、安全治理等方面构建数据基础制度，提出 20 条政策举措。该意见的出台，也将充分发挥我国海量数据规模和丰富应用场景的优势，激活数据要素潜能，推进数字经济做强做优做大，增强经济发展新动能。

3.1.2　大国数据法治的博弈

2021 年 6 月 1 日，央视新闻报道称，丹麦广播公司在 5 月 30 日推出特别报道，揭露美国国家安全局通过丹麦国防情报局接入丹麦互联网获取原始数据，以监视、监听包括时任德国总理默克尔在内的欧洲多国政要。对此，所涉及的欧洲各国反应都非常强烈。德国前外长弗兰克-瓦尔特·施泰因迈尔对德国媒体说：“我认为这是一桩政治丑闻。”

2015 年 1 月 14 日，《人民日报》发表的文章《捍卫“数据主权”》中提到，德国经济部长西格马尔·加布里尔曾直言“美国正在危害我们的国家安全……我们的偏好、我们的行踪和我们犯的错误都在被不断地收集和保存，这些数据将被提供给广告客户、医科研究员、汽车保险公司、政治战略家甚至政府的间谍”，并呼吁“欧洲人必须积极行动起来进行自卫，否则就会沦为数字霸权下的奴隶”。

这种对技术霸权的不满情绪在欧洲对科技巨头的打压中得到了宣泄。《人民日报》指出，2014 年谷歌在欧洲受到了多方打压，甚至被法国数据保护监管机构处以 15 万欧元的罚款，欧洲法院也裁定谷歌应该保护用户的“被遗忘权”，西班牙和荷兰的数据保护机构则警告谷歌停止侵犯其用户隐私权。

从表面上看，谷歌在搜索市场上的垄断地位及其对用户隐私数据的处理方式等造成了其“四面楚歌”的窘境，但更深层次的原因或许是欧洲对美国技术霸权感到日益不满，而谷歌则成为了首当其冲的反制对象。

在法治上，欧盟开始采取反制措施。一方面，斥责这些科技巨头的垄断行为，以反垄断为由进行打压，或以反侵权、反避税为名来遏制美国科技公司的扩张；另一方面，通过出台《通用数据保护条例》（GDPR）来保护欧盟范围内的个人数据，提高跨国企业对欧洲个人数据使用的门槛。

2016 年，欧盟通过的《关于自然人个人数据处理和数据自由流动的保护条例》，即《通用数据保护条例》（GDPR），对世界各国的数据保护类法律规制起到了重大且深远的影响。GDPR 于 2018 年 5 月 25 日在欧盟各成员国内正式生效实施，其在扩大数据主体的权利和法律适用范围的同时，进一步细化了个人数据处理的基本原则，在当时普遍被认为是最严格的个人数据和隐私保护条例。

目前，从全球博弈的局势中可以看到，国家间的数据竞争除了战略与技术的竞争，还逐步涉及数据法律的竞争，各国寄希望于抢先登陆全球数据法治的高地。我国的数据战略富有前瞻性，特别是“以法治数”的法律规制正在逐步完善。如果说战略层面决定了我们可以看多远，那战术层面的落地或许就决定了我们可以走多快。

我们正在积极地探索做好与数据法治相关的顶层设计，并科学地规划实施路线图，颁布相关的政策法规，一方面是为了确保国内数据安全，并使数据治理井然有序，另一方面或许也是为了努力与世界各国一道构建良性的、可持续的数权新秩序。

3.2 围绕数据主权的争夺

将一种基于掌控和利用数据的能力的国家权力视为主权的一个基本假设是数字空间将会成为国家竞争的新疆域。目前，世界各国围绕数据法治的合作与竞争在持续深化，这背后是各国在数权世界中围绕数据主权的争夺。未来，世界各国“以数据战略和数据治理的法律制度之名，行数据资源控制和数据权力影响之实”的态势或将持续。

3.2.1 数据主权

1．数据主权的定义

传统的国家主权的概念与国家领土相关，而数字空间则具有无边界性、全球性和开放性的特点，二者似乎存在难以调和的矛盾。提到数据主权，人们往往联想到的是，必须在一国境内存储本国数据，但其实数据存储在哪里与数据是否可以被他人开发利用之间并无直接联系，重要的不只是谁拥有数据，更是谁有权访问、控制和使用数据。在数据驱动的数字经济的新背景下，如果数据存储在一国境内，但他国却有权访问、控制和使用，那所有权和主权等概念仍会受到挑战。

美国著名政治学者小约瑟夫•奈在《理解国际冲突：理论与历史》一书中指出：“一场信息革命正在改变世界政治，处于信息技术领先地位的国家可攫取更大的权力。相应地，信息技术相对落后的国家则会失去很多权力。”这触发了人们对于数据主权、技术霸权的深思。

什么是“数据主权”？回答这个问题，首先要知道什么是“网络主权”。习近平主席在第二届世界互联网大会开幕式上指出，“《联合国宪章》确立的主权平等原则是当代国际关系的基本准则，覆盖国与国交往各个领域，其原则和精神也应该适用于网络空间”。其一，数据是网络空间信息流转的主要载体，数据主权作为网络主权最重要的组成部分之一，是网络主权的核心主张，其主权性质应该被同样确立；其二，数据要素被列为国家基础战略资源，数据安全是我国总体国家安全观的重要组成部分，从保护国家基础战略资源的角度来说，应当将数据主权提升到与网络主权同样的高度，确立数据主权的性质与地位。

随着大数据的发展，“数据主权”首次出现在国务院发布的文件中。2015 年，国务院发布的《促进大数据发展行动纲要》中提出要“充分利用我国的数据规模优势，实现数据规模、质量和应用水平同步提升，发掘和释放数据资源的潜在价值，有利于更好发挥数据资源的战略作用，增强网络空间数据主权保护能力，维护国家安全，有效提升国家竞争力”。2014 年，徐晋先生在其著作《大数据经济学》中认为，“数据主权强调网络空间中的国家主权，体现了国家作为控制数据权的主体地位，拥有对本国数据进行管理和利用的独立自主性，不受他国干涉和侵扰的自由权。数据主权包括所有权与管辖权两个方面。”还有其他一些观点与思考，例如，吴沈恬认为（2015 年），数据主权是一国数据在域外流动时所应享有的权利，具有独立性、排他性和自主性的特点；齐爱民、盘佳认为（2015 年），数据主权是一国对其管辖权领域内的数据所拥有的生成、管理、控制、传播和利用的权力；赵刚、王帅、王碰认为（2017 年），数据主权是国家数据主权和个人数据主权的集合，体现为对内控制权、对外处理权；朱清清认为（2019 年），数据主权的概念是一国主权在数据领域的呈现，是对传统管辖领域的延伸，包括数据管理权和数据控制权；何波认为（2019 年），数据主权的核心是国家主权理念中基本价值在网络空间和数据领域的延伸与拓展。

虽然现有研究对于数据主权的概念与界定尚存在差异，但也体现了一定的共性。笔者认为，“数据主权”可以简单表述为“一种基于本国数据掌控和利用能力的国家主权”。

维护数据主权已经成为了一些国家保护数据的基本原则，其致力于突出主权国家维护权威和提高合法性的需求。各国将数据视为主权的基本假定是，数字空间将成为国家竞争的新疆域，未来在数字空间中可能会充斥着政治、经济甚至是军事的持续博弈。因为主权具有排他性和独立性，所以在讨论数据主权时，会假设存在可能损害国家利益的潜在对手，且这个对手会利用数据采取战略行动。

2. 通过数据法治来主张数据主权

从数据主权的角度看欧盟的 GDPR。其长达四年的酝酿过程，意味着背后有着广泛且复杂的利益博弈，这也反映出 GDPR 的意义可能已经远超个人数据保护的法律规制，是一套蕴含国际博弈、产业竞争及社会模式构建等多种要素的多重价值体系。与欧盟 1995 年颁布的《个人数据保护指令》相比，GDPR 不仅规定了属地因素，还增加了属人因素：对于营业场所在欧盟境内的控制者或处理者来说，法律的管辖权范围并没有发生大的变化，但强调了无论数据处理的活动是否发生在欧盟境内，都应统一遵循 GDPR 的相关要求；对于营业场所在欧盟以外的控制者或处理者来说，可以适用属人因素，只要其在提供产品或者服务的过程中处理了欧盟境内个体的个人数据或对其进行监控，将同样适用于 GDPR。可以看到，欧盟的立法者希望通过 GDPR 来提升欧盟的数据治理水平，助力做好欧盟境内数字单一市场建立的顶层设计，以谋求在全球数字经济中的领先地位。

或许，GDPR 更深层次的政治目的是在数字空间和数据领域拓展传统国家主权理念的各项基本价值诉求，确保欧盟对其数据享有独立开发、控制占有、管理运营和问题处置的最高权力，以优先满足自身国家竞争与产业竞争的需要。例如，GDPR 中的“属人因素”实则是将数据管辖权的适用范围从“属地主义”扩大到了“影响主义”。GDPR 同时还保证了欧盟在数据领域拥有最高的立法权力，且不会受外部技术优势力量的影响或支配，它甚至还制定了相应的反制措施。

试想，一部以个人数据保护与数据跨境制度建设为基础的数据法律，一方面可以支撑通过采取安全手段来增强本国在数字领域的话语权，另一方面还能对他国的数据治理框架产生跨地域制约，从而展现出非凡的国际影响力。其通过所谓依法进行的长臂管辖，或许会造成他国境内的跨国企业在进行数字经济活动时面临安全合规、证据调取等方面的压力。特别是高新技术企业在出海过程中，当涉及数据流动等关键环节时，就可能因受到其他国家单边主义数据法律的制约而受挫。

2019 年 5 月 15 日，美国商务部发表声明称，将华为公司及其 70 个关联企业列入美方“实体清单”，禁止华为公司在未经美国政府批准的情况下从美国企业获得元器件和相关技术。2020 年 8 月 17 日，时任美国国务卿蓬佩奥在一份声明中表示，美国商务部进一步收紧了对华为公司获取美国技术的限制，同时将华为公司在全球21个国家的38家子公司列入“实体清单”。2019年5月20日，美国有线电视新闻网（CNN）报道称，美国国土安全部下属的网络和基础设施安全局发布报告，警告称“中国产无人机可能正将敏感数据传送回国内制造商”，并称这种做法会对美国机构的信息安全带来“潜在威胁”。

制造安全理由与发表敌对言论，或许是国家或组织在相关数字领域实施安全管控的主要策略。以安全及数据保护为由，要求全球其他数据处理组织对现有数据运营模式进行深度的逻辑变革，从而进一步向外渗透其数据治理的逻辑与理念，以达到政治目的。

如果说欧盟的 GDPR 与美国的《加州消费者隐私法案》（California Consumer Privacy Act of 2018，CCPA）更多地展示了大国在个人数据领域的博弈态势，那么近期国际上数据治理的对象也呈现出对“非个人数据”的关注。非个人数据同样是数字经济的核心生产力与数据战略的核心竞争力，其正以爆炸式增长的数据流的形式呈现战略价值。2018年10月，欧洲议会通过《非个人数据自由流动条例》，推动在其范围内的非个人数据可以被更高效地处理和更有效地利用。在此过程中，数据可以提高技术竞争力，同时技术也可以进一步提升数据价值，从而更好地服务于欧盟建立单一数字经济市场的目标。

3.2.2 国际数据主权的博弈

从个人数据到非个人数据，从立法、执法到国际博弈，各国围绕数据法治的合作与竞争在持续深化，背后是各国在数权世界里围绕数据主权的争夺。

1. 立法的博弈

从立法层面看，除了数据类型的扩展，欧盟在技术层面有更聚焦的趋势。例如，在 AI、区块链、云计算服务等领域的立法，会成为未来在广义的数据治理领域立法的优选，以此来加强数据治理及其相关领域的监管权力，并加速布局制度立法，先于其他国家完成相关法律体系的建设，从而在数据治理及数据战略的国际博弈中取得先机，弥补其在数据量及技术研发上的劣势。欧盟用统一的立法标准削减了其成员国的独立对外权力，使欧盟能以集体抱团的方式统一应对其他国家在数字空间中的战略与治理主张。

2013 年 12 月，美国缉毒局（DEA）执法人员在调查一起毒品走私案件时发现了一些电子邮件，这些数据被存储在微软位于爱尔兰都柏林的数据中心。DEA 依据《存储传播法案》向美国纽约南区联邦地区法院申请搜查令，要求微软公司协助将嫌疑人的电子邮件内容和其他账户信息等数据提交给检方。微软公司则认为，搜查令只在美国境内有效，而存储用户数据的微软爱尔兰数据中心不在美国的管辖范围内，搜查令的效力并不能延伸到域外，因此该搜查令是无效的。2016 年 7 月 14 日，美国联邦第二巡回上诉法院作出裁决，本案中美国政府的搜查令不具域外效力，要获取境外数据需要通过签署双边司法协助条约等方式进行。

2018 年 2 月 6 日，美国 4 位参议员提交了一部立法草案《澄清境外数据的合法使用法案》（简称“云法案”），时任美国总统特朗普在当年 3 月 23 日签名批准生效。“云法案”的出台为美国政府索取域外数据提供了法律上的支持，规定“无论通信、记录或其他信息是否存储在美国境内，电子通信服务和远距离计算服务提供者均应按照本章内容所规定的义务要求，保存、备份或披露关于用户或客户的有线或电子通信内容、所有记录或其他信息，只要上述通信内容、记录或其他信息为提供者所拥有、监管或控制”。

中国人民公安大学法学院院长助理、副教授田力男认为，出台“云法案”深层次的目的是扩大美国对数据的司法管辖权范围，拓展美国对境外数据的获取权。该获取权表面上是双向性的，如 2019 年、2021 年，美国分别与英国、澳大利亚签署“云法案”协议，但这种双向性受到极其严苛的限制。美国可按“云法案”强制要求企业提供在任何国家境内采集和存储的数据，但其他国家如欲调取美国境内的数据，则将受到“云法案”层层加码的限制——不仅要满足“适格的外国政府”的 10 余项苛刻条件，还必须通过美国的多轮审查并最终由其单边决定；即使签署了协议，从美国调取数据的程序也极为复杂和漫长，随时有被否决的风险。可见，在数据资源的获取上，美国对他国数据实行“长臂管辖”；在数据主权上，美国实行双重标准；在“数据外交”上，美国奉行数据霸权主义。

此外，欧美还在积极推广“伦理设计”（Ethics by Desgin）新主张，要求企业在符合法律规制的同时，产品设计和服务还要符合当地市场的伦理道德标准，这可能会强制境外企业在欧美市场上认同和落实欧美的伦理道德标准，并以产品和服务的形式体现。

2．执法的博弈

就执法层面来看，高效的执法是对立法的支撑，因此欧美非常注重执法机制的建设。例如，欧盟通过建立成员国之间的数据交换共享平台，实现执法情报和数据信息的有效共享和交换，这些数据信息既包括个人数据，也包括非个人数据，并结合《布达佩斯公约》和欧洲刑警的执法力量来实施欧盟的数据治理规范。美国不仅与《布达佩斯公约》的缔约方和国际刑警合作，还支持其他国家执法机构的能力建设，如南亚、非洲和拉丁美洲各国，旨在间接建立具有全球支配力和影响力的执法合作网络。

3．捍卫数据主权

无论是否承认数据主权的存在，各国实际上都在积极行使本国的数据主权，并通过国内立法确立了相关的具体制度。此外，各国也都在逐渐扩展对外数据主权的范围，特别是域外数据管辖权，以实现本国利益最大化。未来，世界各国“以数据战略和数据治理的法律制度之名，行数据资源控制和数据权力影响之实”的态势会持续发展。

习近平总书记指出，“中国走向世界，以负责任大国参与国际事务，必须善于运用法治。在对外斗争中，我们要拿起法律武器，占领法治制高点，敢于向破坏者、搅局者说不。全球治理体系正处于调整变革的关键时期，我们要积极参与国际规则制定，做全球治理变革进程的参与者、推动者、引领者”。为维护国家的数据主权并促进数字经济安全、稳定地发展，保证国家对数据资源的最高控制权并构建有国际影响力的数字经济核心竞争优势，我们必须研究数据战略、数据治理与数据主权、数字经济的内在和外在联系，做好数据战略及数据治理相关的顶层设计，因地制宜地推出符合国情的相关法规和政策。

对外经济贸易大学数字经济与法律创新研究中心执行主任许可曾撰文道，作为数字经济大国和经济全球化的坚定主张者，我国在全球数据博弈中正经历着“攻守易型”的伟大转变，有责任也有能力通过全球数据规则这一公共品的提供，为全球数据博弈定规立制。

中国人民公安大学法学院院长助理、副教授田力男在文章《反对数据霸权，提升数据安全治理能力》中提出，应加快数据涉外法治工作的战略布局，以我国的根本利益及多数国家的共同利益为基本出发点，同时考虑与发达国家规则相结合，积极影响、参与乃至主导形成数据规则的国际治理框架，达成平等、互惠的数据治理格局，同时，应主动促成数据双边协议、多边条约的制定，以更多的区域规则带动向全球合作治理模式的转型。

我国不当“数据霸权国”，但也绝不能成为“数据附庸国”。反对数据霸权，捍卫数据主权，应秉持数据主权平等、数据安全流动、脱敏数据共享共治的数据观，探索出能获得大多数国家广泛认可的数据治理规则。

3.3 捍卫数据主权的国家数据治理观

在全球科技竞争日趋激烈、国家之间的信任度日益下降的大背景下，数据本地化的趋势将进一步加强，我们需要平衡捍卫数据主权与发展数字经济之间的关系，反对一切形式的数据霸权。

3.3.1 数据本地化：数据主权的一种表达与落地

1. 数据本地化

一场围绕数据跨境流动规制的全球大辩论和大博弈正在展开。数据跨境流动规制不再仅是一个公民权利保护的问题，而是关乎国家安全、国民经济发展与国家竞争力的重大问题，是国际贸易规则竞争的新阵地。其中，数据跨境流动议题中最核心的数据本地化（Data Localization）不是一个短期出现的现象，而是一个随着全球化深入而日益深远的挑战。

农业经济以劳动力、土地为核心生产要素，工业经济以资源、技术和资本为核心生产要素，而数字经济以数据和信息技术为核心生产要素。数据是国家的战略性基础资源，当数据资源在国家之间流动，那数据跨境流动的问题就不再仅是个人隐私问题，而是意味着国家财富的争夺。有学者认为，数据本地化的根本目的在于对数据所承载的安全和价值进行直接而又极端的控制以实现国家战略。

清华大学的刘金河助理研究员和崔保国教授在文章《数据本地化和数据防御主义的合理性与趋势》中写道，数据本地化广义上是指对数据跨越国境所采取的各种类型的限制，包含了从附加条件的流动到完全禁止。而狭义的数据本地化则要求将数据的存储和处理放在数据来源国境内的数据中心和服务器里，根据宽严程度的不同，实践中通常有以下类型：仅要求在当地有数据备份而并不对跨境提供作出过多限制；数据留存在当地，且对跨境提供有限制；数据留存在境内的自有设施上，不得出境提供；要求特定类型的数据留存在境内等。有研究发现，自 2010 年以来，全球各国推行数据本地化措施的力度日益加大，而且几乎所有的二十国集团（G20）成员都采取了某种形式的数据本地化政策。

2020 年 7 月 16 日，据新华社报道，欧洲法院判决欧盟与美国达成的用于跨大西洋传输个人数据的《欧美隐私盾牌》协定无效，因为美国的数据保护措施未能达到欧盟标准。跨大西洋数据流动或许会面临挑战。

几周后，据《人民日报》报道，时任美国总统特朗普在 8 月 6 日签署行政令称，移动应用程序抖音海外版（TikTok）和微信对美国国家安全构成威胁，将在 45 天后禁止任何美国个人或实体与抖音海外版（TikTok）、微信及其中国母公司进行任何交易。当时，有些学者认为，数据本地化或许会作为后续处置的潜在条件之一。

同时，美国还推出所谓的“清洁网络”计划，这令国际互联网协会悲叹互联网或将沦为“分裂网”。《人民日报》的文章更是直接指出，所谓“清洁网络”计划的本质是借网络安全之名，行“网络监控”之实。

越来越多的国家通过数据领域的立法与执法，将本地的数据中心纳入本国的司法管辖范围，并严格限制特定密级数据的跨境流动和境内处理，这些行动强化了各国数据本地化的趋势。从维护网络空间安全的角度来看，具有防御性质的数据本地化能将重要的数据限制在境内，以降低泄露公民个人信息及威胁国家数据安全的风险。从市场竞争的角度来看，相关企业能在数据本地化的保护下维持其在国内市场的竞争优势。从地缘政治的角度来看，不同国家之间的数据技术水平和数字经济实力存在差异，这导致数据通常流向技术能力较强的国家，从而迫使处于相对弱势的国家采用数据本地化的方式来维护本国的数据主权。

2. 数据本地化的大国博弈

有部分专家学者认为，新一轮的全球化浪潮或正在来临，但同时这也是一股新形式的保护主义浪潮。保护主义的表现形式多种多样，包括对数据的保护、要求数字应用公开源代码、对建设数据中心的地理位置进行限制等，有时还会区别对待数字产品（音乐、视频、应用软件、电子书等）。

新技术拥有的重新分配资源的能力越强，保护主义对各国的诱惑就越大。从国际博弈的现状来看，美国是世界数字技术和数字经济的领先者，也是全球数据传输和回流的中心，可以说它是数据自由化最大的受益者和最积极的倡导者，因此反对绝对的数据本地化。美国期望通过立法来更容易地获得他国境内的本国企业数据或是本国境内的他国企业数据。而欧盟则对数据跨境流动持相对谨慎的态度，其策略是在本区域内实现数据的自由流动，对外则适当地设置壁垒。

俄罗斯和印度的数据本地化政策则更为积极。俄罗斯实施了严格的数据跨境流动管控，以应对冲突，而印度的数据本地化措施更多的是为了推动本国数据产业的发展。印度的数据本地化政策虽然引起了跨国公司、外国政府和国际组织的强烈反对，但是印度政府依旧坚持。2019 年 6 月，印度外交秘书顾凯杰（Vijay Gokhale）召开新闻发布会，针对时任美国总统特朗普在 G20 会议上批评数据本地化一事表示，“数据是国家财富的新形式，发展中国家需要引起重视”。

我国一贯持中立态度。一方面，我国通过立法保障国内企业必要的数字生存力，同时维护国家网络安全、数据安全和个人信息安全。另一方面，我国积极参与国际合作与交流，推动数据安全跨境、自由流动，推动我国数字经济的国际化发展。例如，《数据安全法》第十一条指出：“国家积极开展数据安全治理、数据开发利用等领域的国际交流与合作，参与数据安全相关国际规则和标准的制定，促进数据跨境安全、自由流动。”

3. 数据本地化是数据主权的表达与落地

数据驱动数字经济发展。当今世界，数据产业与技术的竞争非常激烈。一个残酷的现实是，竞争力较弱的国家，往往成为数据这一“原材料”的主要提供者，而那些竞争力较强的国家，则通常是机器、软件和服务的提供者。这些竞争力较强的国家制定了原材料加工的规则、设计了产品的形态、规划了市场的出口，甚至制定了与数据要素相关的法律政策。从价值链分布与数据流向的角度来看，如果没有任何限制，数据就会自然地汇集到少数国家的地盘上。于是，那些处于相对劣势的国家，自然就更有可能采取自我保护型的数据治理政策，强调各国的数据主权观念。而数据本地化措施正是在这种防御心态下，表达和落实国家数据主权的一种方式。他们要让人们知道，数据是一种基础资源、战略资源，更是数字时代的国家财富。

但数据本地化这种自我保护型的措施也不同于绝对的数据保护主义。一方面，它带有自我保护的成分，是由各国政府出于不同的考虑而制定的，它可以用来保护国家的数据安全，防止敏感数据被其他国家侵占或滥用，但更多的是作为面对外来的强大对手而采取的防御性措施，它出现的本意并不是为了限制贸易，或是断绝与外界的数字交往；另一方面，不同国家在制定数据本地化政策时也在权衡各方面的利弊，确保政策的合理性和有效性，以避免一国政策可能对国内企业的跨境运营和数据流动带来一定的限制和更高的合规成本。例如，我国的《网络安全法》中就明确规定了数据跨境流动规制的“本地储存，出境评估”制度，《数据安全法》也明确规定，我们要积极开展数据安全治理、数据开发利用等领域的国际交流与合作，参与数据安全相关国际规则和标准的制定，促进数据跨境安全、自由流动。

因此，我们需要保护自己的数据安全，但这并不意味着我们要与世隔绝。反之，我们应该与国际社会共同维护全球数据安全和流通稳定。

我们应当反对数据霸权，但同时通过数据分级分类管理、部分数据本地化、部分数据出境安全审查等方式兼顾数据安全与自由流动。《网络安全审查办法》增加了对数据处理活动和掌握大量个人信息网络平台运营者赴国外上市进行数据安全审查的规定，防止我国用户的数据成为他国分析、监视我国的工具。这既是对数据主权的彰显，也有利于最大限度保障数据安全流动。最终在数据本地保护与规范数据跨境流动之间实现两者的平衡。

4. 警惕极端的数据民族主义

诚如《联盟的起源》一书的作者沃尔特（Stephen M. Walt）所言："当前世界民族主义林立，无论如何民族主义都不会消逝。"近年来，全球保护主义、民族主义和民粹主义政治势力崛起。虽然民族主义的根源不只是保护主义，但数据保护主义有可能进一步发展成数据民族主义。而数据本地化则会偏离其防御型政策的初衷，成为数据民族主义的一种工具，将数字贸易和国家权力扩张捆绑在一起，主张排他性的数字贸易机会，甚至带来数据殖民主义及与之相关的冲突。

世界银行在《2016年世界发展报告：数字红利》中将数据民族主义定义为"一国数据应该存储在国界之内"。这似乎仅从技术角度解释了"数据本地化"的现象，而政治性是民族主义的首要特性，要界定是否在特定环境中诞生了数据民族主义，就一定要考量在数据的全生命周期中是否产生了政治性。因此，有些国内学者认为，除了要将一国的数据限制在国界之内，数据民族主义将会超越数据本地化管理的单一范畴，而扩展到对互联网数据的流动审查与监视，成为一种整体性的措施，并将其定义为"在数字时代，国家通过特定权威方式控制与支配数据的存储、处理及所有权等相关问题来实现政治经济利益目标的一种政治导向。数据民族主义是国家主权的一种体现、是数据主权的一种延伸、是一种鼓吹数据资源的战略属性并强调其排他性控制权的政策趋势"。

当前，大国之间在数字空间的博弈日益加剧，数据资源的战略属性又无比突出。为了应对去全球化浪潮及发达国家所谓"数据殖民"和"数据霸权"的冲击，各国以产生数据民族主义作为政治上的回应，客观上有一定的合理性，应当说这样的现象反而从侧面展示了当前全球局势的时代特征。

当前有数据民族主义的声音批判道，数据跨境流动是过度考量了数字贸易对数字经济发展的重要性，如此放松对数据的保护会给数据主权与国家安全带来风险。这样的风险的确客观存在，因此才需要做好数据保护与数据流通之间的平衡，同时，也必须清楚地认识到，极端的民族主义情绪也可能会影响全球数字经济的发展和数字贸易的开展。

根据麦肯锡发布的数据，2004 年至 2014 年，数据跨境流动给全球经济贡献了 3%的增长，2014 年带来 2.8 万亿美元的产值，已经超过了货物贸易的贡献。可以说，数据跨境流动是数字经济全球化的不竭动力。如果说过去的全球化使国际贸易水平达到了前所未有的高度，互联网使全球民众可以天涯若比邻式地沟通，那数据民族主义则会使数字贸易链条完全割裂，并加剧数字网络的碎片化。同时，极端的数据民族主义有可能会带来对等性的保护主义、民族主义，这意味着我国企业的出海很有可能受到其他国家的同等限制。我国互联网企业若要大规模地走向海外，国际市场的对等性限制可能是一个重要的挑战。如果你是全球化、互联化的坚定支持者，这或许是最坏的情况之一。

此外，数据民族主义也会暂缓全球数字经济协同治理和贸易制度的构建，使人们可能不会站在“人类命运共同体”的角度去看待数据问题，从而使得原本就障碍重重的数字空间国际治理规制及国际数字贸易制度的建立雪上加霜。

3.3.2 反对一切形式的数据霸权

具有相似政治导向与意识形态的数字大国之间进一步的政治站队、合纵连横、阵营对峙或许会助力形成所谓的数据联邦。联邦内各成员国约定共同开发、共同利用某些特定的数据资源，并约定排他性的准入条款，形成事实上的对数据资源勘探权的垄断。这些数据资源可以在成员国之间顺畅地流动，数据交易成本大大低于联邦外的国家。数字发达国家通过合纵连横会进一步地拉开在数字空间中与数字欠发达国家之间的资源与实力的差距，加剧数字空间中的贫富差距和主权博弈。

有些联邦为了总体利益最大化，或许会阻止其成员以数据的形式与外部进行任何形式的数字贸易，再加上对数据勘探权的垄断，这就从源头上又消除了其他国家进入这一领域的可能，从而使该组织成为事实上的单一数字经济体，并依靠这样的数据护城河与配套的数据立法和战略，来进行全球数据主权竞争和政治博弈。

外部国家或许不得不与其建立所谓的数据外交关系来消除获取数据资源的障碍。这样的数据外交意味着拥有数据的不同主体之间，需要就数据治理、数据安全、数据权属及数据使用等各个方面达成共识或协议，基于此构建一种双边或多边的可信操作机制，使各参与方在保证各自数据主权的前提下，实现数据流动的一整套方案。

然而，在实践中，通常谁先掌握了数据及其相关的数字技术，谁就掌握了数字时代的主动权和话语权，数据附庸国可能不得不去遵循数据霸权国所制定的国际数据治理及数字贸易的规制，从而陷入某种不平等的境地中。

2021 年 12 月 8 日至 10 日，美国拜登政府主办的所谓“民主峰会”以视频方式举行，会议围绕对抗威权主义、反腐败、宣扬人权等议题展开，虽然并未取得多少实质成果，但拜登政府在峰会上宣布的“未来互联网联盟”（The Alliance of the Future of the Internet）据悉已形成初步框架。实质上，这一联盟体现了美式数字治理理念及强化美国数字主导权的意图，其本质是构建并主导符合美国国家利益与全球战略目标的互联网未来新秩序。人民网评论道，所谓的“民主”不过是一块遮羞布，它掩饰着美国想要用其推进自身地缘战略目标、打压他国、分裂世界、服务自身、谋取私利的肮脏图谋。正如俄罗斯外长所指出的，美国与受邀国实际上是一种“君主-家臣式关系”。《明报》更是一针见血地评论说，美所谓“民主峰会”是披着民主外衣，推行集团政治，挑动阵营对抗之举，是在创造新的“分界线”。

笔者认为，这种通过人为手段构筑“数字墙”“数据壁垒”的做法，或许就是在构建基于联盟的霸权，阻碍其他国家获取数据利益、分享科技进步的红利。这不仅会加速互联网的碎片化，破坏全球在数字空间的合作，还会进一步加大数字鸿沟，拉开“数字贫富差距”，抬高数字欠发达国家在数字空间获取资源和实施政策的成本，最终借助霸权联盟的马太效应形成竞争优势，以遏制其他国家的数字化发展进程，特别是数字化发展中国家将丧失发展数字经济和利用后发优势的机会，加剧全球发展的不均衡。这值得我们深思与警惕。

3.4 可持续的数权秩序：数字命运共同体

数字现实政治是未来全球经济发展过程中或许会客观存在的陷阱，为避免其发展成为国家之间全面的数字化冲突，主观上除了要考量国家自身利益，我们还需要以全人类共同的利益为出发点，以构建数字空间命运共同体为目标，为世界构建一个良性循环的数权新秩序，发挥大国担当。

3.4.1 警惕数字现实政治的陷阱

1. 数字现实政治主张的弊端

现实政治的概念源自 19 世纪，由普鲁士铁血宰相奥托·冯·俾斯麦提出。他主张当政者应以国家利益为内政外交的最高考量，而不应该受到当政者的感情、道德伦理观、理想，甚至是意识形态的左右，所有的一切都应为国家利益服务。

进入数字时代，支撑国家学说的基本要素也在发生变化。王绍光教授在其文章《新技术革命与国家理论》中写道："在新技术革命条件下，传统国家理论的支柱性概念，暴力、战争、疆域都发生了根本性的变化：暴力和战争都可以是无形的，而有形的领土、领海、领空，已无法阻隔外来的攻击。" 2015 年，泰勒·欧文（Taylor Owen）在 *Disruptive Power: The Crisis of the State in the Digital Age* 一书中指出，在信息与数字时代的变革中，对暴力的垄断、战争、疆域、权力等支撑国家学说的四大基本要素在数字时代也正在被崛起的数字技术、数字战争、数字空间、数字权力等理念所动摇。

如此推演，未来世界各国在新时代为了继续巩固国家的垄断力量，很有可能使全球政治环境陷入数字现实政治的陷阱，完全从国家数字利益出发而不考虑道德伦理与世界未来。

从悲观的角度去看，各国之间的猜疑与日俱增，而信任度却日益降低。通过实行数据民族主义来挤占其他国家的数字活动空间，主张数字现实政治，这会持续营造竞争激烈而非合作的全球数字化环境。未来，围绕数据资源的抢夺和数据权力的变现，将会出现越来越多的争端，人与人之间的争端可能还会演变成人与智能算法之间对数据资源进行争夺的冲突，甚至是算法与算法之间、机器与机器之间从数据到算法再到应用层面在数实空间的全面数字化战争。

2. 数据要素国有化的思潮

虽然国际数字贸易似乎是促进世界经济发展的必要条件，但学术界悲观的观点倾向于认为数据安全流动将会变得愈发困难，并呈现出某种保护主义的趋势。例如，在我国将数据列为生产要素后，就有某种声音提出应将数据要素完全国有化，笔者认为这或许是数字现实政治的叙述方式之一。

虽然这种声音尚未指明要素国有化的对象是针对权利（私权）还是权力（公权），笔者也能理解这种声音的背后或许是对愈演愈烈的大数据杀熟、数据不正当竞争及垄断问题、私营部门在数据流动管控力与公信力方面不足的担忧。但我们需要辩证地看待问题，应通过健全和完善相应的法律规制来预防和解决数据问题，过度将数据问题政治化并不利于数字经济时代国家的发展。

3.4.2 数字空间的命运共同体

我们需要认识到在数字空间可能被政治化的背景下，保护主义、民族主义作为一种意识形态在数字空间中延展的逻辑，需要意识到其对国际数据治理和数字贸易产生的冲击与风险。对此，我们一方面积极采取有效措施来降低其他国家数据政策对我们自身数据治理和数字经济带来的负面影响，另一方面联合国际社会等利益相关方积极参与国际规则制定，做全球治理变革进程的参与者、推动者、引领者。在认同不同意识形态合理性的基础上，有时也要超越意识形态之争，以构建人类命运共同体和维护国家数据主权为原则，推进数字空间国际治理体系和数字贸易制度的建设。

例如，我国正在积极推进数字丝绸之路建设，加速与“一带一路”沿线国家的数字贸易往来。2017 年 6 月，中国（贵州）“数字丝路”跨境数据枢纽港启动建设，同年我国主导发起《“一带一路”数字经济国际合作倡议》，旨在拓展与“一带一路”沿线国家的数字经济领域合作。数据跨境传输安全管理试点也在国家和地方层面展开。2020 年，商务部提出“在条件相对较好的试点地区开展数据跨境传输安全管理试点”，指定北京、上海、海南、雄安新区负责推进。

笔者希望，未来由数字国家、智能机器所构成的实体或虚拟组织会横跨在数字新大陆上，数据就如同几千年前的丝绸一样，形成数实共生的“数据丝绸之路”。

CHAPTER 4

04 第4章 数据与国家

政府通过数据的对内开放，一方面能提高行政透明度，另一方面或许也能提升国家治理的能力和效率。而数据的对外开放，即数据的跨境流动，不仅是数据跨境贸易和企业走出去的问题，更是国家之间新型资源的博弈问题。随着人类用数据来描述社会政治经济活动的方方面面，数据安全保护的客体范围也被扩大，事关国家安全、政治安全、经济安全、社会安全和人民生活福祉。现在，我们亟须围绕数据开放、数据安全、跨境流动等关键事项提出中国方案，以增强在数实空间中我国的全球影响力。

4.1 数据开放与国家治理

开放政府公共数据能够增强执政的透明化和可靠性，而且数据中所包含的潜在价值能被更多的社会组织开发和再利用，带来更多的社会效益与经济效益，还能为更多的组织创造平等的数据权利，缩小本国不同产业之间存在的数据鸿沟。更重要的是，在此过程中政府的运营模式和与民众的交互方式将发生变化，政府和民众之间的关系将动态地、持续地转变。

4.1.1 政府公共数据

1. 政府公共数据是有价值的资源

过去一段时间里，世界各国的城市化率不断上升，我国的城镇化进程也在高速推进。我国的规模城市总数已位居世界首位，有关数据显示，我国城镇人口数量已占总人口数的 60%。城市应用场景的不断丰富，加之传感器、数字设备的大量应用，以及物联网技术和智慧城市系统的发展，以城镇为单位归属政府机构的数据也越来越多、越来越丰富。在尚未城镇化的乡村区域，例如相当一部分作为城乡连接带和行政中间层的县域，在治理和公共服务数字化上也已经完成了从 0 到 1 的数字乡村建设。

政府利用数字化基础设施，就可以积累大量的数据资源，下一步就是要开发这种资源使其产生价值。万维网之父伯纳斯·李在 2010 年接受英国广播公司采访时表示："政府数据是未开发的资源，我们为之付出了很多，但如果数据永久封存在某个人的办公室，则是一种浪费。"

过去，人们认为开放政府公共数据主要是为了提高政府执政的透明度，实际上开放政府公共数据不仅能够增强执政的透明化和可靠性，更重要的是，数据中所包含的潜在价值将会被更多的社会组织开发和再利用，创造更多的经济价值，从而提高社会运行的总体效率。

2. 政府获取数据的前提条件

个人数据是政府公共数据中的重要组成部分，例如人口数据、位置数据、教育数据、医疗数据等，也是国家治理必不可少的数据。

早在 2013 年，美国通过的《政府信息公开和机器可读行政命令》就正式确立了政府数据开放的基本框架。该命令指出，确保以多种方式将数据公开发布，让数据易于被发现、获取和利用，而政府部门则应当保护个人隐私和确保国家安全。我们看到，彼时国际上已经开始认识到个人数据信息及数据安全问题会关系到国家安全。

从某种意义上来说，政府机构的数据开放或许是"取之于民、用之于民"的另一种表现，过去有货币税收，如今可能就有"数据税收"。众所周知，开放与安全常作为一枚硬币的两面出现在发展天平的两端。政府必须在保护个人敏感信息（例如财产类、健康类数据）方面制定合理、完善的监管框架以赢得民众的信任，当涉及数据开放时要保证其公开的合理性及对隐私的绝对保护。2020 年 11 月，《人民日报》发表专题《越是开放越是要重视安全》强调，要"增强开放监管能力"，因为在数据开放的过程中会涉及国民隐私、个人信息保护、国家保密及主权安全等问题，从而引发人们对数据主权、数据法治及数据安全等方面的关注，这些都亟待智慧的人民与政策决策者进行充分的探讨与深刻的思考。

目前，通过建设政府公共数据平台来进行数据开放是国外一种较为成熟的实践，美国、英国、新加坡等国家已建立并不断完善自身的政府数据开放平台。

3．外国政府的数据开放平台

美国政府在2009年就建立了第一个统一全面开放政府公共数据的平台 data.gov。政府机构通过平台向公众开放高价值数据，一方面有利于提高行政透明度，提升政府治理能力和效率，减少腐败舞弊的发生；另一方面也有利于包括个人、企业和其他社会组织在内的各主体便捷地获取数据信息，并通过数据的赋能产生价值反哺社会，推动创新和发展。

美国的data.gov平台从上线时仅有的47个数据集和27个工具发展到目前的约21万余个数据集和上百个工具。其中，地方政府类的数据集数量最多，教育类和气候类的数据集数量分列第二位和第三位。此外，还有英国政府的数据开发门户 data.gov.uk，新加坡政府的 data.gov.sg 等，其中英国政府的data.gov.uk门户共开放了约13670个公开数据集及4170个非公开数据集。

从数实共生的角度来看，这些平台拓展了政府与民众、社会组织的互动边界，数字空间的互动过程反过来又激发了实体世界更广泛的社会参与和创新活动，催生了更强的经济增长动力。

4.1.2　数据开放助力国家治理

1．美国的数据开放实践

从积极的角度来看，美国政府的数据开放为美国经济的发展起到了促进作用，最典型的例子就是气象数据的公开。美国政府通过公开来自卫星和地面气象站的数据直接推动了美国气象信息产业的形成与发展，包括气象预报、商用农业咨询服务及新的保险服务等。

IBM在2015年与美国气象公司（The Weather Company）的合作就是一个很好的例子，双方将开放的气象数据和企业的算力、算法、人力相结合，可以把天气预报的预报周期和精度由过去的每6～12小时预测一次10～15千米范围内的天气状况提升至提前12个小时预测3000米范围内的天气状况。这种更精细化的数据应用拓展了社会治理和商业应用原有的场景边界。笔者曾了解到，IBM 利用日照、湿度、温度等数据并通过和物联网设备的结合，实现了智能灌溉系统，帮助法国的某个酒庄提升了葡萄酒的产量和质量。

2. 欧盟的数据开放实践

2012 年，欧盟委员会推出公开的数据门户网站测试版，为外界提供了大量来自欧盟委员会、欧盟组织和机构的数据信息，任何人都可以自由地下载相关数据。

就数据开放的种类而言，欧盟目前已经开放了大量的科研、环境和医疗数据，其中大部分数据来自欧盟的数据部门 Eurostat。许多组织开发出基于政府数据的民生类应用，例如，欧盟森林火灾信息系统免费提供在欧洲范围内的野外森林火灾信息，包括气象火灾风险地图及 6 天之内的预报、每日卫星图像、最新热点地图、火灾范围等。此外，相关海洋组织利用来自欧洲数据统计局的公开数据，向社会公开有关海洋气候和相关环境政策的可视化实时信息，这对于普通的渔民、航海人员及相关领域的研究人员都有积极的帮助。

2014 年，欧盟发射“哨兵-1A”卫星，启动了雄心勃勃的“哥白尼计划”。这是一个全面的地球观测计划，包括发射一系列卫星和开发强大的数据采集及处理分析系统等。目前，欧盟已经公开了由哥白尼地球观测系统收集的所有环境数据，以便更好地进行环境监测，并希望为欧洲企业创造新的商机。据称到 2030 年，哥白尼地球观测系统将带来 300 亿欧元的经济效益，并创造 5 万个就业岗位。显然，这样的数据开放机制将帮助个人、组织和政策制定者在决策和行动时能更好地考虑环境因素。

4.1.3 数据开放或带来平等的数据权利

《深圳经济特区数据条例》中指出，要全面推进公共数据共享、开放和利用，加快培育数据要素市场，促进数据资源有序、高效流动与利用。具体如下：

> 第三十二条 市政务服务数据管理部门承担市公共数据专业委员会日常工作，并负责统筹全市公共数据管理工作，建立和完善公共数据资源管理体系，推进公共数据共享、开放和利用。
>
> 第四十条 市人民政府应当加强公共数据共享、开放和利用体制机

制和技术创新，不断提高公共数据共享、开放和利用的质量与效率。

第四十一条 公共数据应当以共享为原则，不共享为例外。

第五十六条 市人民政府应当统筹规划，加快培育数据要素市场，推动构建数据收集、加工、共享、开放、交易、应用等数据要素市场体系，促进数据资源有序、高效流动与利用。

该条例还提出要依托城市大数据中心，建立统一、高效的公共数据开放平台，将各个政府部门的数据归集到统一的政府数据开放平台上，在法律法规允许的范围内最大限度地开放公共数据。对于有条件开放的公共数据，需要按照特定方式向市场主体平等地开放。具体如下：

第三十三条 市人民政府应当建立城市大数据中心，建立健全其建设运行管理机制，实现对全市公共数据资源统一、集约、安全、高效管理。

第四十五条 本条例所称公共数据开放，是指公共管理和服务机构通过公共数据开放平台向社会提供可机器读取的公共数据的活动。

第四十八条 公共数据按照开放条件分为无条件开放、有条件开放和不予开放三类。无条件开放的公共数据，是指应当无条件向自然人、法人和非法人组织开放的公共数据；有条件开放的公共数据，是指按照特定方式向自然人、法人和非法人组织平等开放的公共数据；不予开放的公共数据，是指涉及国家安全、商业秘密和个人隐私，或者法律、法规等规定不得开放的公共数据。

第五十条 市政务服务数据管理部门应当依托城市大数据中心建设统一、高效的公共数据开放平台，并组织公共管理和服务机构通过该平台向社会开放公共数据。公共数据开放平台应当根据公共数据开放类型，提供数据下载、应用程序接口和安全可信的数据综合开发利用环境等多种数据开放服务。

在能够被开放的数据面前，各政企组织是平等的，不存在排他性，政企之间的数据开放也不会签署所谓排他协议来阻止数据流入特定企业。这种平等开放的原则与笔者先前所述的“各企业应享有平等的数据权利”的内涵是一致的。

4.1.4 数据开放将改变政府的治理模式

从各国政府的数据开放行动中可以看到，数据开放已成为治国战略的一部分，并将会对世界发展带来深远的影响。2015 年，《国际开放数据宪章》（Open Data Chapter，ODC）诞生，确立了开放数据的六大准则，包括：

默认开放：政府默认开放所有可开放的数据，对于不能开放的数据，政府需要证明不开放的合理性，同时还要保证开放的数据不会损害公民的隐私权。

及时与全面：政府需要及时、全面地发布数据信息，并尽可能以原始、未经修改的形式开放数据。

可访问性和可用性：数据是机器可读且易于查找的，应该提供易于理解和访问的格式，以便广泛地使用和共享。在开放许可的情况下，数据应该是免费的。

可比性和互操作性：数据应该可与其他数据和应用程序相互作用，并且可以被集成到不同的系统和工具中。

改善治理和公民参与：开放数据可以帮助公民更好地了解政府工作，其透明度可以改善公共服务的水平并帮助政府承担更多的责任。

包容性发展和创新：开放数据有助于促进包容性经济发展。政府不仅可以通过此类举措提高执政水平，很多企业家也可以通过开放数据来获取经济利益。

政府通过数据开放，一方面可以提高行政透明度，另一方面可以缩小已存在的产业之间的数据鸿沟，以提升国家治理能力和效率。更为关键的是，政府的治理模式和与民众的交互方式发生了真正的转变，在不侵犯民众隐私和保护个人信息的前提下，一改以往由民众向政府申请提供数据信息的规则，从被动开放转变为主动开放，城市和市民、城市和政府、市民和政府之间的关系在动态地、持续地转变。

数据开发者为劳动者，劳动对象为政府开放的数据资源，最终产出创新的产品和服务，这一方面是对政府服务的补充，另一方面也能促进民生福利和产业经济的发展。腾讯研究院研究员卢依在其文章《浅析美国数据开放战略及其发展历程》中提道："政府在这一过程中扮演着多重角色，既是原始数据的提供者，也是数据开放模式的设计者，以及使用数据的利益相关方的监管者。政府既要考虑开放数据生态环境的发展与持续活跃，同时传统的政府职能也要求政府在开放数据的过程中控制风险。"

4.2 数据跨境流动与外交

数据开放有两个层面，一是对境内的开放，二是对境外的开放。数据对外开放避免不了数据跨境流动的问题，这不仅是商业层面数据跨境贸易和企业走出去的问题，更是国家之间关于数据资源的博弈问题。在外交中，数据跨境流动所具有的政治属性，或许会带来一种新的外交形式——数据外交。

4.2.1 数据对外开放

1．数据对境外开放或成为外交的一种形式

数据对外开放，通过跨境流动来盘活数据资源的对外贸易，如果运用得当，会使数据资源从某种意义上具有政治属性。数据作为新时代的公共品，加上高质量、高价值的数据资源在不同国家和地区之间的分布不均，导致各国和各地区所掌握的数据信息量和数据技术能力有较大差别。作为数据大国和技术大国，我国如果可以在合适的时间、以合适的方式提供合适的数据给合适的对象——无论出于政治、经济、文化或其他目的——事实上就形成了数据外交，通过数据外交可以提升我国在国际上的数字影响力。

2．美国数据对境外开放的实践

国家数据对境外开放的理念早先就有。2013 年 6 月，时任美国总统奥巴马与其他 G8 国家领导人共同签署了《G8 开放数据宪章》，美国承诺公布自己政府数据开放的方案和具体做法。在此基础上，白宫隔年发布了《美国数据开放行动计划》，其具体的措施包括进一步开放“小型商业数据”“博物馆数据”“药物不良反应数据”等。小型商业数据能帮助国外生产商更容易地找到合格的美国供应商，降低在美国境内寻找供货来源的交易成本；博物馆数据能把许多宝贵的艺术教育信息提供给大众使用；美国食品药品监督管理局（FDA）的药物不良反应数据则可以方便软件开发者设计软件工具，促使危险药物尽快下架。

4.2.2 数据跨境流动

1. 数据跨境流动的经济价值

在数字经济时代，数据的跨境流动成为全球贸易的重要推动因素之一，对全球经济的发展起到重要作用。

2017 年，麦肯锡全球研究院发布报告《数字全球化：全球流动的新纪元》称，相比于没有任何流动的年代，近 10 年全球资源要素的流动促进全球 GDP 增加了约 10%，仅在 2014 年，它们就产生了约 7.8 万亿美元的价值。实物产品和资本的流动是 20 世纪全球经济的标志，虽然货物贸易和对外直接投资的流量大约占据了半壁江山，但如今这些要素的流动已经逐渐衰落了。21 世纪的全球化越来越被数据和信息的流动所定义，数据流动则是 21 世纪全球化的标志，预计价值为 2.8 万亿美元，比传统商品流动对经济增长的影响更大。这是极为显著的进步，因为世界贸易网络已经发展了好几个世纪，但跨境数据流动在 15 年前才出现。

此外，数据的跨境流动也反过来加强了传统要素流动中所有的跨境交易，如增加了劳动力和资本的使用。全球商品贸易中约有 12%是通过阿里巴巴、亚马逊、eBay、Flipkart 和乐天等国际电商平台进行的。除了电商业务，劳动力市场也通过数字化平台变得更加全球化。世界上约 50%的交易服务已经数字化。

虽然当下全球的货物贸易和资本流动已经减缓，但跨境流动的数据量却大幅增加，这创造了一个连接国家、公司和个人的复杂网络。全球数据流主要包括信息、搜索、通信、交易、视频和公司间的流量，它们支撑了其他所有的跨境流动。集装箱货船仍然会把货物运输到世界各地的市场，但现在客户会在线订购，使用射频识别技术（RFID）追踪货物运输轨迹，并通过数字支付来进行交易。

该报告还研究了一个国家在流动网络中的地位如何影响它所获得的收益。过去，商品和资本的流动会使处在全球商贸网络中心的国家比周边国家受益更多。相比之下，如今数据跨境流动的网络则更加分散。美国和欧洲虽然可能是世界数字网络的中心，但研究发现处在这一网络边缘的国家比处于中心的国家能够获益更多。对于那些与世界几乎隔绝的经济体而言，新的数字化平台和数据跨境流动可能会起到促进其转型的作用。

我国很早就意识到数据流动是发挥数据价值的核心环节。在构建双循环新发展格局的背景下，数据流动也呈现出内外双循环模式：对内依托地方性的大数据交易所和全国性的一体化大数据中心，对外则依托北京、深圳、海南、上海等地的数字贸易港来落实数据跨境流动的安全管理和试点工作。

2. 数据跨境流动的法律保障

数据跨境流动必然会受到不同国家相关法律规制的约束，特别是要充分考虑全球个人隐私监管的现状。根据联合国贸易和发展会议（UNCTAD）截至 2020 年 4 月 20 日的统计，全世界 194 个国家和地区中已有 132 个完成了对数据和隐私保护的立法。欧盟、美国、中国、俄罗斯、印度、日本及新加坡相继出台了有关于个人数据信息保护的法案。数据的跨境流动是把数据从一个法域传输到另一个法域，这个过程包括了数据产生、数据传输与数据接收三个环节，每个环节都有相应的法律保障。

数据产生环节的法律保障

在数据产生环节，需要注意当地对数据采集的合规限制，包括当地法律对采集互联网上“人”的数据、物联网上“物”的数据和其他渠道数据的要求。这些数据能不能收集、收集后能不能流通、是否需要向当地政府申报、是否需要数据收集的相关资质、数据主体是否同意等，都是数据产生环节需要考虑的问题。

其中特别要注意的是个人隐私数据和个人信息保护的相关规定，“用户充分告知与授权同意”已经成为欧美及其他国家数据安全领域的关键议题。数字原生企业一般更有可能成为政府或行业组织重点监管的对象，因此，企业无论规模大小，在使用数据前都需要征得数据主体的同意，确保数据活动的透明性。

此外，还需要确保数据主体对其数据的控制权，包括数据主体的知情权、访问权、更正权、可携带权、被遗忘权、限制处理权、反对权等。这种对最终用户的权益保障机制是个人数据要素在跨境流动中不可或缺的。

数据传输环节的法律保障

在数据传输环节，一般对传输的目的地会有一定的限制。例如，过去美国的跨国企业就对向中东地区的国家传输任何形式的文件和数据有非常严格的限制，办公室的传真机旁都会标上显眼的警示来限制文件的传真，更不用说数据的直接传输了。因此，在数据要素的跨境流动中，需要针对不同的目的地有充分的传输风险评估，并向有关各方提供合理的理由。

数据接收环节的法律保障

在数据接收环节，还需要考虑数据接收方的数据安全水平，如果数据接收方不幸泄露了数据输出方所提供的数据，那会在经济上与名誉上给数据输出方带来巨大的损失，甚至引发法律风险。

因此，为了使数据接收方的数据安全及保护能力达到一定的水平，数据输出方可以考虑与数据接收方共建有安全保护能力和数据流动风险识别能力的数据安全合规平台。这种双边或多边的数据要素共享服务及安全合规平台可以基于安全等级保护要求更成熟、更完善的一国的标准来建设，并在平台的不同边端确保符合当地政府的监管及合规要求，对隐私数据、敏感数据、个人信息及其他不同密级的数据进行安全合规处理。

成熟的国际体系

此外，数据跨境流动的不同参与方还可以考虑参照成熟的国际标准体系，或者去取得国际通用认可的数据安全、隐私保护、信息安全等相关的安全合规认证资质。例如，可参照 2019 年 8 月国际标准化组织（ISO）和国际电工委员会（IEC）发布的个人隐私信息管理体系 ISO/IEC 27701（Privacy Information Management System，PIMS），以及信息安全管理体系 ISO/IEC 27001、公有云个人隐私信息保护体系 ISO/IEC 27018、国际云安全联盟的 CSA-STAR 认证、我国的网络安全等级保护等。基于这些国际认证可以加强数据保护，构建必要的数据安全合规体系和数据流动安全合规平台，这可以帮助政企组织在数据跨境流动时提高自身在海外监管机构、海外合作伙伴、海外客户和海外用户之间的信任度，赢得更多机遇。

3．数据跨境流动的全球挑战

各国对数据跨境流动进行监管，可能有各种正当的公共政策理由，例如保护隐私和人权、国家安全以及经济发展目标。如果没有适当的国际体系来规范数据流动，一些国家可能别无选择，只能靠限制数据流动来实现某些政策目标。然而，数据本地化措施并不会自然而然地使数据在本国创造价值。出于成本和收益的考虑，存储数据的地方未必是创造价值的地方。回顾各国政策可以发现，成本和收益往往因各国的科技、经济、社会、政治和文化条件的差异而有所不同。

随着数据和数据跨境流动在世界经济中变得愈发重要，各国对全球治理的需求也就变得更加迫切。不幸的是，监管理念和立场的不同导致国际辩论陷入僵局。联合国《2021 年数字经济报告》就指出："尽管出现了更多涉及数据流动的贸易协定，但数字经济的主要参与者之间仍然存在分歧。例如，在 G20 成员中，不仅在实质问题上（如数据本地化措施），而且在程序问题上也存在截然不同的观点。"

笔者认为，无论是严格的数据本地化，还是完全自由的数据流动，或许都不能满足实现数字经济发展目标的需求。我们需要从不同的视角来思考这一领域的监管问题，以达成折中的方案。我们需要考虑数据的各方面，包括经济层面和非经济层面。数据的特殊性意味着需要将它们与传统的商品和服务区别对待，不只是局限于贸易，而是需要从全局角度看待数据的跨境流动，考虑对人格权益、财产权益、国家安全、国际贸易、数字竞争和互联网全球治理等可能产生的影响。

4．数据跨境流动的全球治理

数据驱动的数字化创造了全球性机遇，也带来了全球性挑战，需要采取全球性解决方案，以发挥积极影响并减轻消极影响。越来越多的观点认为，数据是一种全球公共品，针对这种公共品的全球治理可以有助于构建应对全球重大发展挑战的能力，例如，基于全球范围内的数据共享能帮助解决和改善贫困、健康、饥饿和气候变化等问题。

在5G网络和物联网正被快速部署及数字化加速的背景下，全球数据治理也变得更加重要。如果需要在全球范围内大量收集数据并将其变现、应用于“向善”，没有一个统一的全球治理框架来使各国之间彼此信任，这一目标或将难以实现。目前，在数据跨境流动的过程中，各参与方对数据价值链不透明、数据收益分配不均的担忧一直存在。

此外，为了防止一些国家长期面临的不平等在数字空间中被放大，也需要实施对数据的全球性治理，以确保这些国家的需求和观点在全球政策讨论中充分体现。互联网全球架构是相互依赖、相互关联的，故数据跨境流动的未来或许不应该由少数几个大国来决定。人类只有一个地球，各国共处一个世界，要倡导人类命运共同体理念。

联合国《2021年数字经济报告》指出：“国际上现有的机构框架并不适合应对全球数据治理的具体特点和需求。要进行有效的全球数据治理，很可能需要一个新的全球机构框架，并适当地结合多边、多利益相关方和多学科的参与。”

我国始终是世界和平的建设者、全球发展的贡献者、国际秩序的维护者、公共产品的提供者。剑桥大学政治与国际研究系前高级研究员马丁·雅克表示，中国既是传统意义上全球治理标准的坚守者，也是新型全球治理模式的推动者。党的二十大报告中指出，中国积极参与全球治理体系改革和建设，践行共商共建共享的全球治理观，坚持真正的多边主义，推进国际关系民主化，推动全球治理朝着更加公正合理的方向发展。

4.2.3 警惕不对称的数据外交

1. 数据外交的重要性

数据跨境流动所涉及的不只是数据保护的问题和商业层面企业之间跨境贸易和企业走出去的问题，而是一个国家与国家之间的问题。不少国家正试图获得类似重要贸易伙伴国的数据保护认证，以此来获得处理伙伴国数据的资格。

数据流动的基础规则不仅在很大程度上决定了国际数据贸易的规则，而且还涉及国家主权和安全问题。在跨境流动的过程中，一方面，强势的数字领先国家可能会通过各种高效的手段来采集各类数据，洞悉数据输出国各方面的治理与运行情况；另一方面，强势的数据输出国的价值观念甚至是意识形态，会通过数据信息、经加工处理过的数字化产品影响甚至是动摇数据输入国的观念，从而对后者的政治、经济、文化、主权和安全等产生威胁，甚至成为数据殖民生长的土壤，这也再次印证了数据主权的重要性。

2．不对称的数据外交

在一些国家倾向于采取数据本地化措施的同时，另一些国家则以消除贸易壁垒为由，鼓吹无限制的数据跨境自由流动。这些国家除了利用自身技术霸权攫取数据不对称的优势，还积极利用国防与安全、隐私与监管等理由来推行所谓的无条件管制，以巩固其数据主导权。因为他们非常清楚，基于自身的技术和市场优势，只要在国际上不断主张完全的数据开放和跨境流动，数据一定会流向技术能力和市场实力更强的一方。

在数据流动这个问题上，某些国家一直扮演着一个非常矛盾的角色，一方面政府担心自身的数据流到国界之外，另一方面又希望将国外数据置于本国的管辖之下，或希望推动本国的跨国公司成为数据领域的领导者、数据权力的代言人。

中国人民公安大学法学院院长助理、副教授田力男在其文章《反对数据霸权，提升数据安全治理能力》中写道：“一方面，美国极力促进数据流入本国，如2020年签署的《美墨加三国协议》，表面上确保数据跨境自由传输，实际上便于数据流向美国；美国的《健康保险流通与责任法案》《金融服务现代化法案》《家庭教育权利和隐私法案》等立法，对相应数据都赋予了域外执法权。另一方面，美国极力阻止数据流出，如2020年，美国采取所谓‘清洁网络计划’，在数据软硬件‘去中国化’的同时进一步通过国家安全例外限制数据被境外、‘非美国人’访问。此外，‘美国制造’的商品在输送各国的同时伴随用户及环境数据的采集，其是否会向美国政府提供也不无疑问。”

在这一来一往的过程中，各国就可能产生两种不同的数据外交逻辑。一种是数字化发达国家的主动型外交，另一种就是欠发达国家的被动型外交。

如果多个主动型数据外交的国家强强联手，形成某种数据联盟来垄断大部分的数据资源、数据流动管道与数字经济收益，那么为了避免弱势竞争和数据资源争夺的冲突，一些数字化欠发达国家或许不得不与其建立所谓的数据外交关系来消除获取数据资源和收益的障碍。然而，此时整个游戏规则的制定或许不会基于某种双边或多边的互信共识，而是由一国或联盟单方面制定某些“不平等条约”，这会侵蚀其他国家在数据治理、数据安全、数据权属和数据使用等各方面的利益与权力，从而危及国家的外交、主权和安全。

联合国《2021年数字经济报告》指出：“数据驱动的数字经济表现出极大的不平衡，发达国家和发展中国家之间仍然存在很深的传统数字鸿沟，体现在互联网连接、接入和使用方面，对发展构成经常性的挑战。而随着数据作为一种经济资源及跨境数据流动发挥越来越大的作用，数字鸿沟又呈现出与‘数据价值链’有关的新层面。这一概念是估算数据价值的关键。原始数据经过转化——从数据收集、分析到处理成数字智能，便有了价值，因为数字智能可以用于商业目的，从而变现，或服务于社会目标，从而具有社会价值。个人数据经过汇总和处理后才有价值。反之亦然，没有原始数据就没有数字智能。要想创造和获取价值，既需要原始数据，也需要具备将数据变为数字智能的能力。使数据获得价值有助于进入更高的发展阶段。数据驱动的数字经济不断发展的同时，数据方面的鸿沟也加剧了数字鸿沟。在这种新形态下，发展中国家可能处于从属地位，因为数据及相关价值获取集中在几个全球性的数字企业和其他控制数据的跨国企业中。发展中国家可能会沦为全球数字平台的原始数据提供方，要想获得数字智能则必须付费，尽管这些智能来自它们自己提供的数据。”

因此，我们需要警惕未来出现这种不对称数据外交的可能性，为了防止更坏的局面出现，或许应当主动出击、由守转攻。一方面通过政策工具来铸造促进数据流动的“利剑”，另一方面通过法律武器来铸造数据安全管控的“固盾”，平衡好数据流动与安全管控，以帮助我们在“一带一路”倡议下，构建未来的数据丝绸之路。

4.2.4 数据圈

1. 全球可见的“数据圈”

近年来，我国数字经济蓬勃发展，产业数字化和数字产业化加速推进。联合国《2021 年数字经济报告》指出：“从参与数据驱动的数字经济并从中受益的能力来看，美国和中国脱颖而出。全世界的超大规模数据中心有一半在这两个国家，它们的 5G 普及率最高，它们占过去五年 AI 初创企业融资总额的 94%，占世界顶尖 AI 研究人员的 70%，占全球最大数字平台市值的近 90%。”

根据中国信通院发布的《中国数字经济发展研究报告（2023 年）》，2022 年我国的数字经济规模达到 50.2 万亿元，同比增加 4.68 万亿元。我国 2017 年至 2022 年数字经济规模如图 4-1 所示。数字经济作为国民经济重要支柱的地位更加凸显。

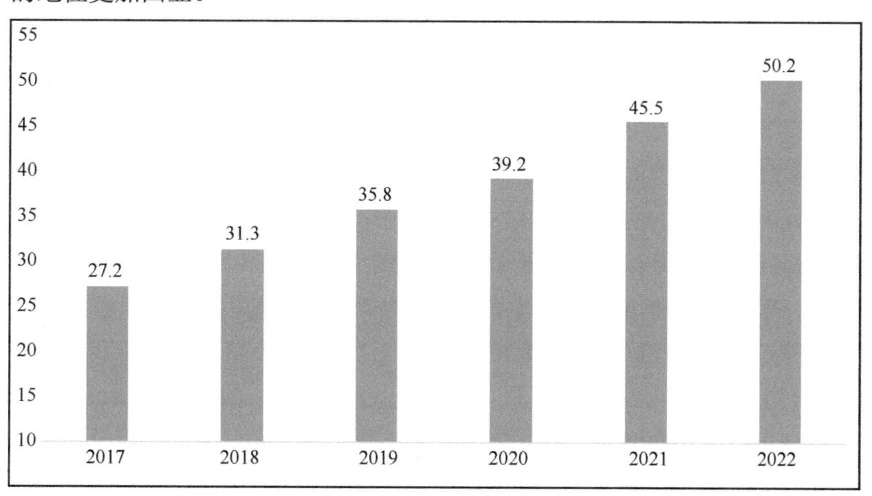

图 4-1　我国 2017 年至 2022 年数字经济规模（单位：万亿元）

国际数据公司（IDC）发布的《2025 年中国将拥有全球最大的数据圈》白皮书预测，全球数据圈将从 2018 年的 33ZB 增至 2025 年的 175ZB。其中，中国数据圈的增速将最快，平均每年的增长速度比全球快 3%。该白皮书指出，2018 年中国数据圈占全球数据圈的 23.4%，即 7.6ZB，2018

年至 2025 年中国数据圈将以 30%的年平均增长速度领先全球，预计到 2025 年，中国数据圈将增至 48.6ZB，约占全球 27.8%，成为全球最大数据圈。

然而，可以看到的是我国数字经济巨头依赖着超大规模的人口基数和市场红利。根据中国互联网络信息中心发布的第 49 次《中国互联网络发展状况统计报告》，截至 2021 年 12 月，我国网民规模达 10.32 亿，互联网普及率达 73.0%，我国网民人均每周上网时长达到 28.5 个小时。如此大规模的网民群体是我国互联网科技企业发展壮大的基石。

但是，受数据跨境流通法律规制的限制，以及各国数据本地化措施等因素的影响，我国数字科技企业的海外市场收入占比并不高。例如，阿里巴巴在 2023 财年中期报告中披露，公司国际零售商业业务营收 212.62 亿元，较上年同期保持平稳，仅占总营收的 5%；腾讯 2022 年第 3 季度财报披露，公司海外游戏市场收入 117 亿元，同比增长 3%，占总营收的 8.4%，且这个比例在过去 10 年中一直维持在个位数。

相比之下，美国互联网巨头的商业国际化程度就很高，且拥有更大的数据圈。根据 2022 年公布的财报，谷歌的海外市场收入占其总营收的比例超过 50%，苹果公司的海外市场收入也超过了其总营收的一半，亚马逊也差不多有三分之一的收入来自海外市场。2014 年年底，苹果公司的市值还低于我国当时最大的 3 家互联网公司（阿里巴巴、腾讯和百度）的市值之和，亚马逊的市值在当时远低于阿里巴巴。而从 2023 年 2 月 20 日的数据来看，苹果公司的市值则超过了阿里巴巴、腾讯、美团、京东、拼多多、网易等 6 家国内互联网巨头的市值之和，亚马逊的市值则相当于我国市值最高的 3 家互联网公司（腾讯、阿里巴巴和拼多多）的市值之和。

如果国内互联网的红利逐步消失，那数字经济企业的发展迟早要面临“走出去”的问题，盘活数据的同时如何保障企业安全、国家安全就成为首要解决的问题，这需要企业、行业与国家层面的共同努力。

2. 可能会被屏蔽的“数据圈”

数据跨境流动是数字时代全球化议题的重要内容之一，充分的流动意味着数字经济巨大的发展潜力，但同时也会带来主权、安全问题。其内在本质是利益与风险之间的平衡，外在表现是全球数据话语权和数字经济领导者地位的博弈。这就是尽管很多国家都在积极探索具有共识的数据跨境流动机制，但至今尚未形成具有全球约束力的规则体系的原因。

某些国家凭借自身强大的科技实力和数字经济实力，可以主动出击构建所谓的“数据同盟体系”，并通过地缘政治的影响力，将自己的理念强加于其他国家。而有些国家由于天生的数字产业竞争力不足，不得不采取主动防御的姿态，通过构建严格的法律规制来谋求制度领先，在保护本土数字产业的同时等待防守反击的机会。

在全球数据跨境流动的规则博弈中，我国正在积极谋求战略主动地位。2020 年 9 月，我国发起了《全球数据安全倡议》。人民网撰文《〈全球数据安全倡议〉彰显坦荡自信之中国》指出：“中国在加强和完善全球治理方面发挥了大国表率作用，倡议是中国为世界提供的一件崭新而又高质的公共产品。在大数据时代，中国拥抱多边主义，倡导‘安全共享’，彰显‘大国范’，而美国则推行单边主义，大搞‘数据霸凌’，尽显‘小家气’。”“《全球数据安全倡议》兼顾安全发展，具有建设性。信息技术革命日新月异，全球数据海量聚合，数据传输打破国界，攸关各国安全和利益。”“当前，中国已在信息技术、大数据、5G 等领域走在世界前列，技术与经验的沉淀和累积使倡议充分体现专业精神与创新器宇。中方倡议出于公心，尊重客观现实和数字经济发展规律，以专业精神探讨专业问题，旨在与各国共商应对数据安全风险之策，共建数字治理之道，共享数据安全之果，自然受到国际社会普遍欢迎。美国等少数国家则把数据安全政治化，务实合作标签化，不讲专业，只讲利己，不讲公允，只讲霸权，甚至不惜破坏市场经济规则，违背国际关系准则，严重干扰和阻碍全球数字合作与发展。其兜售所谓‘清洁网络’计划大肆鼓吹把中国企业和产品排除在外，实际是穿个马甲搞反华，自然应者寥寥。”

笔者认为，《全球数据安全倡议》对推动国际规则的构建和我国数字经济的发展有积极意义，但如果在实际操作中仍受到某些国家对全球数字合作的干扰和阻碍，或受限于各国的数据保护主义，那我国企业在数字化发展过程中走出去的合规成本和运营风险会越来越高，承载战略资源的数据中心可能被迫建立在海外，甚至有被所谓国际规制排除在“数据圈”外的可能。

3. “数据圈”的中国方案

根据国际数据公司（IDC）在2019年的预测，2025年我国的数据将增至48.6ZB，约占全球27.8%，成为拥有数据最多的国家。但届时拥有最多数据的中国可能没有最大的“数据流通圈”。

国务院发展研究中心创新发展研究部的熊鸿儒、田杰棠在《突出重围：数据跨境流动规则的“中国方案”》一文中指出，要尽快提出我国促进全球数据跨境安全自由流动的明确主张和“一揽子”解决方案，可以以《全球数据安全倡议》为基础，围绕数据本地化、隐私安全、跨境执法协调等关键事项提出“中国版”解决方案。

笔者认为，首先，应基于“一带一路”倡议构建数字经济合作的良好基础，凭借我国在“一带一路”沿线国家或地区的影响力，选取政治互信、贸易往来密切和具备数字经济发展潜力的国家或地区，在确保个人信息安全、数据安全、国家安全的前提下进行双边或多边的数据跨境合作。优化建设方案，积累数据立法执法方面的经验，并以此为突破口，双边带动多边、区域带动整体，向“一带一路”沿线辐射，推广具有中国特色的数据战略顶层设计、法律规制、实施策略和体系建设方案，通过积极地“建群”“加好友”“拉通”“点赞”等方式来扩建自身的数据“朋友圈”。

其次，应借助2022年1月1日生效的《区域全面经济伙伴关系协定》（RCEP），积极推动与亚太地区各国在数据跨境流动领域的规制协调，占据我国在“数据地缘政治”竞争中的有利地位。除RCEP外，我国也在积极准备加入美国“退群”后的《全面与进步跨太平洋伙伴关系协定》（CPTPP）。CPTPP是世界上最高标准的多边贸易协议，被认为将会对全球贸易规则产生重大影响。加入CPTPP后，借助我国最大“数据圈”的优势和经济、科技实力，我们仍有潜力来取得“圈内”的数据话语权，这就非常有利于我国突破在某些地区的数据流动壁垒，构建起全球最大的“数据流通圈”，以打破西方国家在数字经济及数据博弈领域的主导格局，为我国赢得数字经济发展与国家数据安全的战略主动。

4.3 数据安全与国家安全

在数字时代，数据描述着人类社会政治与经济活动的方方面面，因此数据安全保护的客体范围也被扩大——不仅包括作为社会资源和生产要素的事实数据，也包括个体与政企所创造的数据、信息、知识与内容。数据安全问题上升为涉及基础资源安全、战略资源安全和生产要素安全的问题，关乎国家安全、政治安全、经济安全、社会安全和人民的生活福祉。我们可以从滴滴赴美上市受阻及受巨额罚款的事件中看到数据安全的重要性。

未来，不仅对内要保障公民的数据安全，对外还要面临大国博弈时由于数据安全所可能引发的国家安全问题。

4.3.1 企业数据与国家安全

1．企业拥有什么数据

以网约车平台为例，平台收集的数据不局限于行程数据，还包括车内外的语音、图像、视频等内容。平台通常会保存“用户出行记录表”，例如小明每天早上 8 点打车从上海的中山公园到漕河泾开发区；“地理位置对照表”，例如上海东方明珠（北纬 31.239879 度，东经 121.499674 度）；“地理名词标签表”，例如上海大悦城（购物商场）、好乐迪 KTV（休闲娱乐）等。

多数拥有此类数据的互联网厂商基于用户群体的出行和地理位置数据还能推出各自的地理位置大数据服务（Location-based Services，LBS），可以实现区域热力图、客流趋势分析、人员迁徙分析、通勤 OD 分析等，结合统一账号映射技术（ID-Mapping）将你的设备 ID、手机号码和社交媒体的账号关联起来，进而得知区域内或某个时间段内客流的群体画像等。这被称为“城市计算”或“超本地城市脉搏”。将此类数据脱敏后与服务打包，又能做起企业服务的生意来。

2．数据安全关乎国家安全

2021 年 6 月 9 日，美国白宫网站发布公告称，拜登总统已签署 14034

号行政令，虽然撤销了特朗普时期对在美国境内下载和使用 TikTok 及微信的禁令，但要求商务部与国务院、国防部、司法部、国土安全部等相关部门在 180 天内出具报告，说明如何防止向外国对手（包括其拥有、控制或直接领导的实体）销售、转移和提供美国个人敏感数据（包括个人身份信息和遗传信息）或大规模数据存储库，并提出行政和立法建议。

这意味着美国将进一步加强数据安全和个人信息保护方面的管控，而且一定会重点关注和审查对手国家的软件产品可能涉及的个人身份、遗传信息、数据库信息等的数据安全问题。对赴美上市的我国企业而言，美国政府很有可能以法律为由要求公开部分软件代码、网络端口、平台数据，并放开某些安全防控措施来配合美国监管机构的工作，这会存在技术或数据泄露的风险。假设美国黑客通过所谓的安全审查掌握了软件平台的漏洞或缺陷，以此来攻击我国本地的软件平台，从而导致本土数据的泄露，那将是极其严重的危害国家公共安全的事件。

习近平总书记指出："要切实保障国家数据安全。要加强关键信息基础设施安全保护，强化国家关键数据资源保护能力，增强数据安全预警和溯源能力。"数据安全是网络空间安全的基础，不仅涉及个人信息权、财产权，还涉及群体利益和国家安全。2020 年，我国发起《全球数据安全倡议》，倡导以尊重网络空间主权平等原则为基础，从构建人类命运共同体理念出发，推动制定全球数据治理规则。我国的数据安全观坚持总体国家安全观，旨在建立健全数据安全治理体系，提高数据安全保障能力。

3. 滴滴的巨额罚款

2021 年 6 月 30 日，滴滴在美国纽约证券交易所（简称纽交所）上市交易。三天后，国家网信办一纸公告将滴滴推上风口浪尖，对滴滴出行启动网络安全审查。随后，国家网信办发布公告称，滴滴出行 App 存在严重违法违规收集使用个人信息的问题，下架滴滴出行 App 并暂停新用户注册。此次国家网信办的执法依据是《国家安全法》《网络安全法》《数据安全法》等，因此在社会舆论中，数据安全问题也迅速上升到国家安全层面，全社会开始意识到个人数据隐私与国家安全及利益之间的关系。

在陆续经历滴滴出行 App 下架、旗下几乎所有 App 停止更新、七部门联合进驻开展审查、监管审查范围由点及面并扩展至全线产品后，2022 年 7 月 21 日，国家网信办发布处罚决定称，滴滴全球股份有限公司存在 16 项违法事实，严重侵害用户个人信息权益，给国家关键信息基础设施安全和数据安全带来严重安全风险隐患，依据《网络安全法》《数据安全法》《个人信息保护法》《行政处罚法》等规定，对滴滴全球股份有限公司处以人民币 80.26 亿元罚款。此案也是《个人信息保护法》生效后对公司按顶格标准（上一年度营收额 5%）处以巨额罚款的第一案。滴滴事件的时间线见表 4-1。

表 4-1　滴滴事件的时间线

时间	事件
2021.6.10	滴滴向美国证券交易委员会（SEC）提交 IPO 申请
2021.6.30	滴滴正式在纽交所上市交易
2021.7.2	网络安全审查办公室对“滴滴出行”启动网络安全审查，审查期间其停止新用户注册
2021.7.2	滴滴回应被网络安全审查：积极配合，排查风险
2021.7.4	国家网信办发布《关于下架“滴滴出行”App 的通报》
2021.7.4	滴滴回应被下架：将严格按照要求下架整改
2021.7.6	中共中央办公厅、国务院办公厅印发《关于依法从严打击证券违法活动的意见》，压实境外上市公司信息安全主体责任
2021.7.9	国家网信办发布《关于下架“滴滴企业版”等 25 款 App 的通报》
2021.7.16	国家网信办等七部门联合进驻滴滴出行科技有限公司，开展网络安全审查
2021.12.3	滴滴启动从在纽交所退市的工作
2022.5.23	滴滴召开临时股东大会，表决同意公司美国存托凭证从纽交所退市
2022.7.21	国家网信办对滴滴全球股份有限公司处以人民币 80.26 亿元罚款，对滴滴全球股份有限公司董事长兼 CEO 程维、总裁柳青各处以人民币 100 万元罚款
2022.7.21	滴滴回应被罚：诚恳接受，全面自查，认真整改

经查明，滴滴共存在 16 项违法事实，归纳起来主要是 8 个方面。一是违法收集用户手机相册中的截图信息 1196.39 万条；二是过度收集用户剪切板信息、应用列表信息 83.23 亿条；三是过度收集乘客人脸识别信息 1.07 亿条、年龄段信息 5350.92 万条、职业信息 1633.56 万条、亲情关系信息 138.29

万条、“家”和“公司”打车地址信息 1.53 亿条；四是过度收集乘客评价代驾服务时、App 后台运行时、手机连接桔视记录仪设备时的精准位置（经纬度）信息 1.67 亿条；五是过度收集司机学历信息 14.29 万条，以明文形式存储司机身份证号信息 5780.26 万条；六是在未明确告知乘客情况下分析乘客出行意图信息 539.76 亿条、常驻城市信息 15.38 亿条、异地商务/异地旅游信息 3.04 亿条；七是在乘客使用顺风车服务时频繁索取无关的“电话权限”；八是未准确、清晰说明用户设备信息等 19 项个人信息处理目的。

国家网信办综合考虑违法行为性质、持续时间、危害性及情形，认定滴滴数据隐私违法情节严重，并对其处以巨额罚款。具体而言：

> **在行为情形认定方面**，滴滴既违法收集，又过度收集、强制收集个人信息，频繁索取权限，还未尽个人信息处理告知义务、网络安全和数据安全保护义务，多项违法行为交织叠加，情节严重。
>
> **在行为性质认定方面**，滴滴前期未履行网络安全、数据安全、个人信息保护义务，后期也未按监管要求进行全面整改，甚至还出现阳奉阴违、恶意逃避监管等问题，行为极其恶劣。
>
> **在行为持续时间方面**，滴滴数据隐私违法行为持续 7 年，且贯穿《网络安全法》《数据安全法》《个人信息保护法》实施期间，甚至在 2021 年 7 月 2 日接受网络安全审查至《数据安全法》实施的 2021 年 9 月 1 日，乃至《个人信息保护法》实施的 2021 年 11 月 1 日期间，仍罔顾法律规定，并未遵守法律要求，反映了滴滴信息安全主体责任意识淡薄。
>
> **在行为危害性方面**，滴滴数据隐私违法行为的危害极其严重：（1）滴滴通过违法手段收集用户剪切板信息、相册中的截图信息、亲情关系信息，严重侵害用户隐私；（2）滴滴违法处理个人信息累计达 647.09 亿条，数量巨大，数据安全风险超高；（3）滴滴违法处理人脸识别信息、精准位置信息、身份证号等多类敏感个人信息，极易危及用户人身、财产安全；（4）滴滴个人信息违规行为后果升级，存在严重影响国家安全的数据处理活动，给国家关键信息基础设施安全和数据安全带来严重安全风险隐患。

滴滴的数据安全问题是如何上升为危害国家安全的潜在因素的呢？试想，如果不法分子基于滴滴的数据，利用排除法来大幅降低筛查的工作量，然后就可以进行政治敏感人物的定位；或者策反分子瞄准核工业基地、军工基地等区域来筛选策反的目标等。这些都是严重威胁国家安全的例子。

更进一步地，我们由出行数据引申到电子地图数据或者智能汽车系统数据来探讨其可能存在的风险。

首先，地图是国家版图最主要的表现形式，电子地图也是如此。过去，地图更新需要由有资质的地图数据供应商派测绘人员扛着机器或采集车辆扫街，将采集的地图数据交给工程师画图编辑，随后进行脱敏、合规、加偏、编译等工作，交由国家相关部门审批，获得审图号和出版号，之后再提供给地图软件公司和车厂，这样的一整套流程可能需要半年的时间。现在，出租车数据、滴滴轨迹数据都是道路信息的来源，而兴趣点/地点则能通过用户上报更新（当然也可能包括潜在的敏感地点），这些通过大数据技术处理后，上传到云端，定期审核后自动成图，基本在一天内就可以完成地图的更新。如果关键电子地图数据被泄露给不法分子或外国势力，那么他们就可以拿到最新的信息加以利用。

其次，一份完整的电子地图包含太多的重要信息。举例来说，GPS 卫星拍摄是得不到高程的准确数字的，而高程数据的误差，在巡航导弹的实际应用上就会放大，而经过实地勘测后带有准确信息的电子地图则可以在战争冲突中提高导弹的命中率。

智能汽车系统的数据也有同样的安全隐患。以常见的特斯拉 Model3 为例，它其实是一个“超级信息收集系统”，不仅能获取汽车的行驶轨迹，还能存储车外的图像信号和车内的音视频（例如现在在使用滴滴出行 App 时，App 会提醒乘客“车内录音系统已开启”）。智能汽车系统不仅能收集周围敏感的地点信息，还能收集车内的敏感对话。

回到滴滴，如果它在国外上市时，当地相关的数据法律规制要求其开放某些平台接口或网络及数据库表端口，就存在被黑客渗透的风险。当然有没有能力做和会不会做是两回事，但我们不能不防范，这些潜在的安全风险不得不让人们和政府产生警惕并加以排查。

4.3.2 数据安全不容忽视

1. 最新的一块拼图：《数据安全法》

早在2016年我国就意识到了网络虚拟空间中所存在的安全问题。2016年11月，全国人大常委会表决通过了《网络安全法》，但《网络安全法》是一部针对网络及数据传输安全的法律，在数据安全特别是数据跨境流动管控方面略显不足。因此，2021年6月全国人大常委会表决通过了《数据安全法》，并于2021年9月1日起施行。这标志着我国初步形成了以《国家安全法》为核心、以《网络安全法》《数据安全法》为两翼的数据安全法律保障体系。

在起草过程中，《数据安全法》的条文数量发生过多次变化，最终稳定在50余条。总体上看，其从国家安全的视角全面搭建了数据治理的制度框架，主要内容可分为数据治理理念、数据安全管理制度、数据利用发展制度等三方面。其中，数据安全管理制度又包括数据分级分类、安全审查、出口管制等十方面的制度。

在《数据安全法》出台之前，我国在数据治理的专有领域并没有系统规范的法律规制，《数据安全法》构建了国家数据治理制度的基本框架，确立了数据安全保护管理的各项基本制度，是数据领域的基础性法律，并与《网络安全法》《个人信息保护法》《出口管制法》等衔接。《数据安全法》是一部基础性法律，其核心是强调在数字时代数据要素的安全开放、合理保护与充分利用。然而，多数制度（如数据分类分级制度、国家核心数据管理制度、数据交易制度等）的准确理解和执行还需要相配套的下位立法或者政策文件，例如下文将提到的《网络安全审查办法》《深圳经济特区数据条例》等。

可以看到：首先，《数据安全法》在《网络安全法》“重要数据制度”的基础上，首次提出了“国家核心数据”的理念——关系国家安全、国民经济命脉、重要民生、重大公共利益等的数据——这意味着国家对数据的重视程度进一步提高。其次，《数据安全法》确定了数据出口管制制度，包括重要数据出境制度、境外司法执法机构调取制度等，规定了与出口管制总体制度进行衔接的原则。因此，未来对政府和企业来说，不仅源代码、重要数据及算法等会被纳入管制范围，而且数据采集及处理服务、云计算及基础设施服务、金融科技服务、中外联合开发产品与服务等也需要遵循《数据安全法》《出口管制法》等法律规制的要求。最后，政企组织还需要关注商务部、科技部公布的“限制出口技术目录”，对数据和技术产品是否可能落入限制出口的管辖范围进行判定，积极履行法定义务，防止出现数据走私、技术走私等刑事案件。

2．数据处理者需要接受国家的审查

就在2021年7月4日国家网信办要求应用商店下架“滴滴出行”App的两天后，7月6日深圳通过了国内数据领域首部基础性、综合性法律——《深圳经济特区数据条例》（简称《条例》），并于2022年1月1日起施行。《条例》在规定了个人数据保护、公共数据共享与开放、数据安全等一般性制度的基础上，主要在数据产权保护、数据不正当竞争（如数据抓取、数据爬虫）、数据交易、个人信息采集等事项上进行了较大的制度创新，同时回应了“个性化推荐”“大数据杀熟”“App需全面授权”“人脸识别等生物识别技术应用”等热点问题。

无独有偶，国家网信办于2021年7月10日发布了《网络安全审查办法（修订草案征求意见稿）》，并向社会公开征求意见。该办法第六条还明确规定了“掌握超过100万用户个人信息的运营者赴国外上市，必须向网络安全审查办公室申报网络安全审查”。

经济发展固然重要，公民权利与国家安全的重要性同样不容忽视。《网络安全审查办法》已于2020年6月1日起施行，而2021年7月发布的修订草案征求意见稿在其法律依据中新增了《数据安全法》，并明确指出审查的重点需覆盖数据处理者的数据处理活动，以及新增了要求掌握超过100万用户个人信息的运营者赴国外上市时必须向网络安全审查办公室申报网络安全审查的特定场景。

过去审查的重点是“关键信息基础设施的运营者”，例如国内的高科技企业、云厂商、大型国企等，它们握有海量的数据，而这次审查的范围扩展到了“数据处理者开展的数据处理活动”，与前者是一种并列的关系。这意味着任何境内的企业开展数据处理活动，如果被认定为可能影响国家安全，均可能被纳入审查范围。

许多具有社会影响力的互联网企业的信息基础设施由于各种原因都会选择混合云部署（公有云、专有云或私有化混合部署），甚至是完全“上云”。在这种情况下，如果我们认定数据资源作为信息的载体不属于基础设施的话，那么选择完全“上云”的企业可能就不属于《网络安全审查办法》审查的范围，我们也就无法保证通过审查机制来防范这些企业在处理和存储数据的过程中产生安全问题。而加入“数据处理者”后，这一漏洞在审查阶段被弥补。

值得强调的是，境内企业除了赴国外上市，还包括在开展跨境业务时所涉及的跨境数据活动，特别是个人数据的跨境流动，也应当在被审查的范围内。

3. 数据安全与数据开放的悖论

安全与开放是一个悖论。数据安全领域的“囚徒困境”是遵循数据安全所做的最优选择，并非国家发展的最佳选择。我们需要平衡好数据安全保护和数据价值利用之间的关系，这也是数字时代赋予政府的新责任和新任务。

我们的确需要时刻警惕数据安全的风险，但也不能不计成本和忽略开放与发展的规律去追求绝对的安全，这就如同金融领域的“收与放”问题。因此，我国的数据战略与数据立法不仅要能识别且处理风险，也要尊重社会与经济的发展规律，一方面要建立数据安全的红线，另一方面也要允许和鼓励充分利用数据资源。

清华大学经济管理学院副院长李纪珍在《数据要素领导干部读本》中就指出，我国数据立法的定位应聚焦两个基本原则，“一是要充分体现‘攻守兼备’的数据主权理念，二是要合理权衡数据安全与数据利用之间的张力”。笔者十分赞同这种观点，如果在数据安全问题上我们仅是“一刀切”，也非常容易形成另一种意识形态，即所谓的“数据保护主义”或“数据民族主义”。

Part 2

第二部分

数据、经济与生活

在数字经济时代，数据已经和经济学范畴中的知识紧密联系。或许在不远的将来，如同劳动经济学、土地经济学、知识经济学、技术经济学、管理经济学一样，数据经济学会成为经济学科的独立分支。

未来在数据彻底实现资产化之后，人们或许会进一步地推进数据资产的金融化运营，例如数据的货币化与资本化等，使其更具备金融属性。届时，权力的形式也许会从金融资本慢慢过渡到数据资本，“集金钱与权力于一身”或许会演化为“集数据、金钱与权力于一身”。

当然，数据驱动产生的诸多新问题也正成为21世纪数字时代亟待解决的政治、社会、经济与文化问题。在生活全面数字化的时代，我们应当保持警惕，要学会与数据一起生活，别让数据和算法决定我们的人生。否则，人类终将会把命运的选择权让渡给数据和智能机器，这将会是未来人文主义最大的危机。

CHAPTER 5

05

第5章 重识数据资产化

2021年是数据正式成为生产要素后，围绕数据要素经济价值释放等一系列议题走向破题的关键一年：深圳市南山区在国内率先启动数据生产要素统计核算试点，数据要素如何纳入GDP核算这一全新命题，正在从研究走向落地；数据领域专门性基础立法从无到有，《数据安全法》《个人信息保护法》先后表决通过，“安全与发展并重”成为数据流动的主基调；从2021年一季度北京国际大数据交易所组建，到当年11月底上海数据交易所挂牌，区块链、隐私计算、数据资产凭证、合规评估等理念与工具逐步被引入交易模式中，旨在解决困扰已久的数据确权难题；2021年年底，工业和信息化部公布的《“十四五”大数据产业发展规划》明确提出，要初步建立数据要素价值评估体系，在互联网、金融、通信、能源等数据管理基础好的领域，开展数据要素价值评估试点。

各数字发达国家已经将全面数据资产化的议题提上了日程，而数据的确权困难与其成本和价值无法被可靠计量成为两个最大的障碍。我们需要认识到，数据资产的价值创造过程决定了其价值的上限，而管理和运营只是使最后的收益可以无限接近这一上限。我们需要考虑数据价值链的具体组成，价值创造、保值或增值的活动应当发生在每个能产生价值的数据链路上。现在的数据资产管理方法与工具是不完善的，未来，人们应当考虑如何利用方法与工具支持完全的数据资产化，并脱离传统技术型数据治理的思路，更强调在市场上将数据资产服务化、业务化、商品化、货币化与金融化运营。而区块链技术或许可以作为一种新的技术手段来辅助数据资产化。

本章将从数据资产的概念及特性、数据资产化的过程、资产管理与资产交付等方面来认识数据资产。

5.1 数据资产

数据资源并不能天然地成为数据资产，而是需要有资产化的过程。数据资产化主要包括数据资产流通、数据资产运营、数据价值评估等内容。很多时候，企业或组织一上来就谈如何管理数据资产、要购买什么样的数据资产管理软件，却忽略了一个重要的环节，那就是资产的有效形成。只有先形成资产并沉淀下来，才能对其进行管理。而资产管理的目的从经济学角度来讲，是要使数据资产实现保值和增值。本节将从数据资产的概念、特性、形式，以及如何创造价值和保值增值等方面进行讲解。

5.1.1 数据资产的概念

据说理查德·彼得斯（Richard E. Peters）曾在 1974 年就提出了数据资产的概念。但即使作为数据行业的从业者，你也很有可能没有听说过他的名字。因为，当时他认为的“数据资产”是指包括持有的政府债券、公司债券和实物债券等资产，言下之意就是“以实物或非实物方式记录下来的有价证券”，这和我们现在常说的数据资产基本没有关系。

此后，“数据资产”一词多次被提出，例如在 1997 年尤谷尔·阿尔甘（Ugur Algan）、在 2009 年托尼·费希尔（Tony Fisher）等均提出过。这些人是谁、来自哪，为什么会提出数据资产的概念，我们已无从考证了。要不是数据资产的概念大火，相信这些先行者也不会一次又一次地出现在众多后来者的论文和调研报告里。

国际数据管理协会（The Data Management Association，DAMA International）在早些年发布的《DAMA 数据管理知识体系指南》（*The DAMA Guide to the Data Management Body of Knowledge*）中指出：“在信息时代，数据被认为是一项重要的企业资产，每个企业都需要对其进行有效管理。”此后，各类机构便正式展开了对数据资产的研究工作。

2018 年 4 月，中国信通院发布了《数据资产管理实践白皮书 2.0》；2019 年 6 月，中国信通院又更新发布了《数据资产管理实践白皮书 4.0》；2021

年 12 月，中国信通院发布了《数据资产管理实践白皮书 5.0》。由此可见，“数据资产”概念的发展和实践应用在我国如火如荼。

5.1.2 辩证看待数据资产的特性

随着数字经济的深入发展和新基建的崛起，5G 网络、物联网、数据中心等的建设加快，加之数据所具备的可复制性，数据资源将不再稀缺并近似无限量。然而，从经济性的角度来说，我们应当关注的是能体现数据资产价值的信息属性，而非数据量的多少。如果我们把数据作为资产而非仅是资源来看待，那么好的资产总是稀缺的，特别是对客户有用的资产。这就要求数据从资源到资产的处理加工过程要时刻以价值为中心，基于市场的需求来创造价值。

随着数字经济的持续发展，以及物理世界进一步数字化的演化和数据采集技术的不断革新，数据资源不会稀缺，但有价值的数据资产有多少就要打个问号了。这不只是技术问题，还是业务问题、产业问题。本质上，我们需要问的是：我们需要怎样的能力才能将数据提炼成有用的信息、沉淀成有用的知识，从而形成有价值的资产，这样的资产不仅可以服务国家和企业的发展，甚至还可以服务整个人类社会的发展。我们现在之所以会觉得数据不稀缺，那是因为我们尚没有能力在正确的时间和正确的地点以正确的方式发现数据真正的价值。

进一步思考就会发现，当数字社会的技术能力发展到一定的水平时，当组织或个人都有足够的技术能力去采集挖掘、加工处理海量的异构数据时，当人类将数据作为资源完全开发和利用时，当法律规制终有一天会明确数据权属（例如明确数据勘探权）时，数据资源似乎也不会是永远无限的，数据资产也同样如此。

5.1.3 数据资产的形式

基于相关的理论，除了现阶段还难以企及的智慧型资产，我们可以将数据资产分为以下 3 种不同的形式。

1. 信息型数据资产

信息型数据资产仍是数据，只不过是经过处理加工的、通常是结构化的、能回答一定问题的、具有高密度价值的数据集或信息流，是以交换、共享或开放服务的方式提供的。例如，能反映每年春运客流状态的旅客时空数据集或信息流，能反映某型号制造设备运作状态的生产数据集或信息流，能反映互联网用户所关注的时事热点的数据集或信息流等。

2. 知识型数据资产

近年来，得益于图计算与知识图谱技术的发展，我们可以将原来单个的数据信息点连成线，关联形成一类信息的聚合。这种聚合包含了信息的描述与推演路径，形成了一种知识型数据资产，有时这个过程也被称为数据图谱化。通过数据图谱化可以形成专有领域的知识图谱。而百科类的知识图谱又能助力知识型数据资产的进一步发展。知识型数据资产一般以数据产品或数据服务的方式对外提供，但现在业界也有以图数据包的方式提供的，这多见于开源项目中。

由于知识型数据资产具备演绎和推理的特性，即基于现有知识，能在图数据库的范围内推导、跳跃至新的知识点上，因此其在智能问答、智能推荐、智能搜索、知识洞察等领域有巨大的应用空间。例如，某直辖市的精准扶贫项目就是基于此类知识型数据资产，通过家庭、户籍、婚育状况，按地区和时间跨度来精准识别政府应当扶持的对象，并基于该对象的社会关系寻找下一个潜在的应扶持对象。此类数据资产提供的是基于数据的认知能力。

未来的知识型数据资产是随着知识工程的不断进步而发展，通过特定的数据模型、图谱模型和知识工程所构建的，能回答某一领域特定问题的数据资产。其或许会以“数据专利”的形式出现。

3. 洞察型数据资产

洞察型数据资产是通过对数据进行分析和理解而得出的针对某一事物的研究成果，一般以数据报告或数据产品的方式对外提供。例如，各个产业一般都有相应的趋势报告、动态报告等；又如，国家统计局基于统计数据和指标分析发布的洞察类应用“数据中国”。证券公司提供给基金公司等投资机构的研报就是一种典型的洞察型数据资产。而有趣的是，此类研报通常又是基于财务审计后的公司财报的，这意味着公司财报其实也是一种高价值的洞察型数据资产。

试想一个统一的大数据平台，其汇集了某个证券市场市值前1000名的公司的每季度财报，并且接入了全部的股价信息和各行业的资讯信息，以期基于这些数据，构建一个算法模型，以数据化的方式和计算机程序化的方式发出交易指令，从而达到基于企业财报而获得稳定收益的目的。或许你会更熟悉它的另外一个名字——量化投资。

未来的洞察型数据资产将会是数据集与数据模型或算法模型相结合的组合资产，它是直接产生业务洞察价值或直接解决某个特定业务问题的资产类型。数据集的作用一方面是给需求方提供数据信息价值，另一方面是用于验证算法模型的有效性，并给予需求方数据驱动业务冷启动时所需的数据资源。数据模型的作用是使需求方在对自身数据进行加工处理时有参考的模型标准，而算法模型可以帮助需求方在自有数据资产成熟的条件下快速发展其自身的数据智能型业务。数据集和算法模型都会按约定定期进行维护和更新。

5.1.4 数据资产的价值创造

一般的数据资源只有经过确权，并同时满足“可计量、可交付和经济价值可实现”的基本条件后，才可以被称为数据资产。而笔者认为，经济价值可实现是资产化的最终目的。

从经济价值实现的角度来说，如果对数据价值链进行拆分，可将数据资产的价值创造的过程分成若干个子过程：数据产生及捕获、数据融合及处理、数据存储与治理、数据服务与消费。为了实现这些过程中的价值积累，通常来说企业或组织需要具备数据规划、数据采集、数据处理、数据存储、数据治理、数据分析、数据探索、数据服务等关键数据能力，形成如图5-1所示的数据价值链。

数据规划主要是对业务、主题域和业务过程等的数据模型进行规划，也就是设计数据的业务模型、逻辑模型与物理模型。在设计完数据模型后，就需要将数据从源端采集到目标端。采集的数据经过加工处理之后被存储起来，最终被用于数据分析、数据探索或者对外提供数据服务等。当然，整体链路上的这些节点都会包含数据治理的工作，例如数据质量工作、数据标准工作和数据安全工作等。

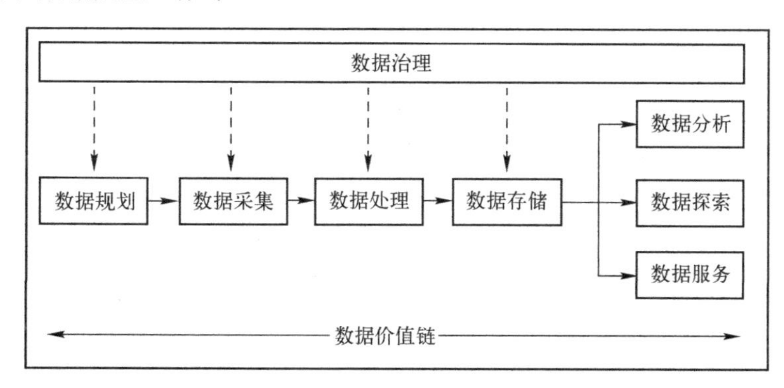

图 5-1　数据价值链

在目前的情况下，由于数据资产的计量计费体系和标准尚不完善，因此数据资产的价格通常由市场和业务来决定。也正因如此，想要使数据资产的价值最大化，就要在价值创造的各个环节中都加强关键数据能力的建设，并尽可能地满足市场需求。例如，一套商品房想卖个好价钱，那么从住宅选址、小区规划、房型设计、硬装工程、软装材料、室内设计等各个环节都要考虑到目标客群的需求并尽可能地满足。

从数据技术和数据资产的不同角度去看待上述的关键数据能力，其评价的角度也是不同的。技术是基础，而价值创造的过程更需要我们从资产的角度去审视价值链上的每个环节。

1. 数据规划环节的价值创造

以数据规划为例，从数据技术角度来看，我们关心的是平台是否具备数据管理能力、能否对接多样性的数据资源、是否支持数据与存算资源的隔离等。从数据资产角度来看，我们更关心的是所对接的数据资源的业务属性是否具备充分性和相关性。充分性意味着这些数据资源充分且能直接地描述某一类业务。之所以不是绝对意义上的“完整性”，那是因为在做任何规划时，我们通常“不知道自己不知道什么”，因此只能尽可能地做充分的准备。

相关性意味着需要尽可能多地规划好对上述业务而言相关性较强的数据资源，这些资源对统计分析的贡献度可能较低，但在数据挖掘时其却可能是重要的信息。

以充分性举例来说，上海一家大型的零售集团曾经建设过一个大数据平台系统，其可以对接的各种业务系统加起来有上百个，在项目建设期间还不停地有新的数字化渠道提供不同属性、不同业务含义的数据。这个平台的数据消费出口一是用于集团内部的经营分析，二是将统计数据上报至国家统计局，以支撑零售方面的数据统计。这两点需求是明确的，因此基于充分性的要求，只要做好集团下属大型百货、商超、零售门店和奥特莱斯等的终端经营数据、会员数据等的规划即可。

以相关性举例来说，该零售集团还有另一方面的数据需求是不明确的，即数据挖掘的需求。例如，该集团想要将形成的数据资产有偿提供给某研究所，用于研究影响数字时代消费者进入零售门店进行线下购物行为的因素。除了上述数据，我们还需规划商圈整体客流数据、天气数据、交通数据、节庆日数据甚至是消费者的一些基础信息数据等，来帮助该集团融合形成一个信息量更充足且相关性更强的数据包，用于提供给该研究所或是集团内部的数据实验室。数据实验室进行基于数据的相关性探索，如果能分析出某些强相关性的信息，甚至能推导出因果性的知识，那此类结论势必会帮助集团更有效地获得经济上的回报。如果该研究所可以利用这些数据资产分析出数字时代影响人们线下消费的动因，形成趋势报告或消费文化解析，亦能帮助政府有关部门制定出“促消费、保增长”的政策。

因此，从数据资产角度来看数据规划时的价值创造点，就需要考量数据的充分性和相关性。

2．数据采集阶段的价值创造

关于数据的采集和汇聚，数据技术上我们会关注每秒的事务处理能力（Transaction Per Second，TPS）或每秒的查询能力（Query Per Second，QPS）有多强、用于采集数据的埋点有多广、支持采集的数据源种类有多少、数据接入的速度有多快等。

然而，从数据资产角度来看，我们关心的是每次的汇聚融合是否使数据的资产化更容易，资产的价值是否会随着对事物描述维度的增加而提高。不能产生经济效益的汇聚融合只不过是对数据及存算资源的浪费，是没有必要的。

3. 数据处理阶段的价值创造

对于数据的处理，技术上我们或许会追求“多”和“快”，如批量计算的高并发、实时计算的高时效等，以便更多更快地传递数据信息。

而从数据资产的角度来看，我们更关心的是“好”和“省”，用更低的成本和更高的效率来加工处理并产出更准确的数据，以便更有效地传递数据信息。这个过程同时又必须是安全的、符合法律规制的，这意味着需要采取必要的脱敏或匿名机制。

例如，在数字广告投放的渠道上，品牌方对潜在用户数据的消费需求从数据技术角度看首先是要多和快。当某一个热点、热搜出现后，如果它们和自家产品有一点关系，数字化营销平台和渠道就会向用户进行多时段、多批次、多层次的广告投放。在这一过程中，用户标签这一类数据资产变现的节奏可能是小时级的，甚至是分钟级的（如大型的、有影响力的综艺节目，跨年晚会，春晚等）。此外，由于当前数字广告普遍采用按效果付费的机制，用户在数字渠道上的点击转换率会直接影响数据资产价值实现的效果；而且，算力是有成本的，这种成本会影响数字广告定价的竞争力。因此，从资产化的角度来看，对用户标签价值的计算还需要注重效果好和成本低。

4. 数据存储与服务阶段的价值创造

在数据存储与服务方面，技术上我们要求的是能够支持多种类型的混合存储方式，支持 PB 级甚至 ZB 级的数据量存储，有 4 个 9 或者 5 个 9 的可靠度，有高可用容灾设计的存储环境，还要有动态、平滑、弹性扩缩容的能力，支持按时间或使用频度来对数据进行冷热分层，对外服务时还能提供权限控制、脱敏处理、流量控制等功能。

而从数据资产的角度来看，我们或许只会关心：数据存储所在的位置能否及时地对外提供服务；是否有如同超市货架般清晰的数据目录以便便捷地浏览数据商品；数据字典或数据标签是否有足够且准确的业务信息帮助消费者理解其商业含义；是否有能力按既定的业务属性对数据资产进行价值上的自动或半自动的"冷热区分"，以有助于在提供数据资产服务时对不同的"冷热资产"进行区分定价、动态定价等。

由此可见，从数据资源到数据资产，资产化的过程无论是在组织内还是组织外，我们始终要关心的都是其是否具备足够的信息价值、能否有效变现、能否产生经济效益。在这个过程中，技术体系、数据体系、服务体系和运营体系的建设本身都不是目的，而是实现数据资产化的过程。

5.1.5 数据资产的保值与增值

一穷二白的时候可能没有这方面的概念，但组织和人一样，一旦有了资产的积累，下一步就是想着如何将它们保值与增值。对数据资产来说，一般最差的期望也是在扣除建设、运营及管理成本之后实现保值、避免贬值。笔者认为可以从以下几点来实现数据资产的保值和增值。

1. 价值再创造

考虑这个问题时，我们同样需要考虑企业的数据价值链组成。保值或增值的活动和价值创造的活动一样，应当发生在每个能产生价值的数据链路上。

业务价值链上的各个环节数字化程度足够高，能促进数据更完整地产生。

数据的采集流程足够完善，能确保及时、按需地采集到更有用的数据。

数据的处理是面向业务的、是有必要且有目标的，从而能减少冗余的计算。

数据的存储是稳定的、有序的、经济的，能被业务更快速地访问。

数据的治理有助于提供更高质量和更符合标准的数据资产，从而能提高资产的竞争力。

数据的应用能更高效地满足用户多样化的需求、提供更多有效的增值服务、提升组织内其他资源的配置效率，从而有利于下一阶段数据资产的产出，使用户愿意买单，组织愿意持续投入。

2. 注重时效性

由于部分数据资产可能具有短期资产的特性，在某些特定场景下数据的信息属性价值会快速下降。因此，更快的采集、更快的处理、更快的执行服务是这部分数据资产持续保值的重要因素。“天下武功唯快不破”，在此基础上进一步增值，则要利用数据资产的可复制性，尽可能地找到更多的数据需求方来执行交付。

3. 掌控开采权

正是由于数据具有可复制性，并且在公开的“数据金矿”中进行开采的行为一般又不具备政策上的排他性，因此，好的“数据金矿”会引来众多的“掘金者”。

假如把数据比作货币，如果不限制发行，那么数字社会中广义货币供应量的增长是极快的，通货膨胀率也会极高，从而造成数据这种货币的极速贬值。物以稀为贵，只有掌控了“金矿”的开采权，或者采用更高效的开采手段，抑或通过商务或技术手段锁定下游的经销渠道，才能降低数据这一资产的贬值速度。如果想要从整体上做到保值，那么就需要不断提高勘探技术，发掘更多更好的“数据金矿”。

此外，除了一只眼盯着组织内部、一只眼盯着市场环境，还需要“第三只眼”紧盯政策变化，通常政策因素的影响是很大的。或许有一天，特定领域的数据资源也需要持牌采集了。因此，组织需要持续观察市场、分析政策，做政策的“朋友”而非“敌人”。

4. 警惕竞争者

谷歌、Netflix、LinkedIn、Uber、Airbnb 等知名企业都是从平台开始快速掌控数据资源、开发数据资产、实现数据变现，并在平台内形成业务及数据的闭环。因此，就数据资产而言，更要警惕的通常不是具备相同资源采集能力或处理能力的企业，而是具备将数据资产快速应用和变现并实现闭环能力的企业。

例如，传统车企通过车内传感器可以获得大量的用户及车况数据，但智能车企能够利用这些数据资产实现自动驾驶技术，而自动驾驶的智能汽车又会吸引用户，从而阻断传统车企创造数据资产之路，并形成恶性循环。又如，传统的互联网媒体通过终端的数据采集可以获取大量的用户行为及兴趣数据，但更注重数据智能开发的信息流媒体通过精准的推荐和用户体验的提升会大大提高自身用户的黏性（即增加可收集的数据），减少用户在其他应用上耗费的时间（即减少可收集的数据），从而形成更完善的数据生态，进一步扩大优势。

对数字原生企业而言，通常创造数据资产的行业门槛较低，比拼的是数据治理能力、运营能力与变现能力。对非数字原生企业而言，由于形成高价值数据资产的行业门槛较高（需要数字化的生产设备、流程和对象），故比拼的是数据生产、资产创造与行业深耕经营的能力。

5．金融化运营

“钱生钱、来得快”，这几乎是共识。企业也要善用数据资产的金融化运营手段来达到资产增值的目的，例如数据资产的商品化、资本化、证券化等，我们会在第 6 章进行详细探讨。

5.2 数据资产管理

数据确权困难，成本和价值无法被可靠计量，这是全球范围内数据资产化难以完美落地最主要的两大原因，这也使得目前的数据资产管理体系不完善。本节从数据资产化与数据资产管理之间的关系、数据资产的计量和确权等方面进行讨论。

5.2.1 数据资产管理的现状与愿景

1．不断发展的数据资产管理

中国信通院发布的《数据资产管理实践白皮书 5.0》中对数据资产管理（Data Asset Management）的定义是：“对数据资产进行规划、控制和提供的一组活动职能，包括开发、执行和监督有关数据的计划、政策、方案、项目、流程、方法和程序，从而控制、保护、交付和提高数据资产的价值。数据资产管理须充分融合政策、管理、业务、技术和服务，确保数据资产保值增值。”

数据资产管理包含数据资源化和数据资产化两个环节，将原始数据转变为数据资源、数据资产，逐步提高数据的价值密度，从而为数据要素化奠定基础。该白皮书提出的数据资产管理架构如图5-2所示。

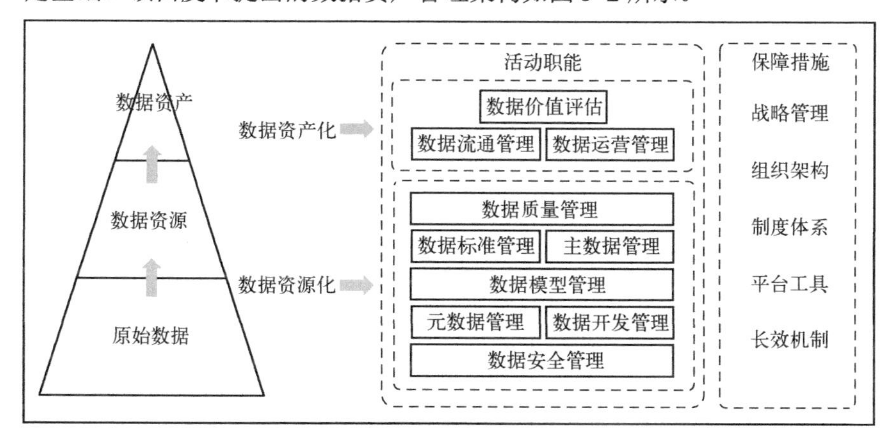

图5-2 数据资产管理架构

其中，除数据价值评估外，其他职能活动在业界已经有非常多的方法与工具，不仅在当前技术上已经相对成熟，而且还呈现出一些令人振奋的新趋势，包括以下几方面。

（1）从质量管理到质量与服务并重。

质量、标准与安全管理的重心从事后转向事前与事中，在数据接入、汇聚和建模开发时就对数据质量、标准和安全规范进行引用、对齐与贯彻执行。

更加注重数据资产的共享与服务，包括数据资产目录的构建、数据服务API的管理、服务过程中的安全控制等。

（2）利用AI技术大幅提升数据资产管理的效率。

基于对数据产生时间与用户访问行为的分析，在设定的时间内对不同的数据库表自动生成数据生命周期管理策略。

基于元数据图谱并结合任务关系链与数据关系链，自动发现无效的数据、空跑的任务，并自动形成任务变化的影响力分析、任务异常的溯源分析结构。

（3）以元数据为核心的分布式数据资产管理。

基于统一元数据，形成跨集群统一的数据资产地图、数据质量视图、资产血缘分析等。

从过去简单地基于日期划分数据热度到加入用户访问次数、访问日期等行为数据，形成粒度更小的、“千表千面”的数据热度指标，例如冰、冷、温、热数据的识别。

对于冰、冷、温、热数据执行不同的成本优化策略。例如，无用数据由生命周期工具自动清理，冷数据使用高压缩率技术并基于纠删码（Erasure Coding，EC）实现仅 1.6 份副本，温数据使用高压缩率并保持 3 份副本，热数据使用低压缩率并保持 3 份副本。

2．尚待完善的数据资产管理

虽然数据资产管理体系仍在不断变化，也出现了令人振奋的新趋势，但当下的实践仍有许多提升的空间。笔者认为，由于数据资产价值评估体系的具体落地模式在不同行业之间存在较大的差距，还需有更多行业内的实践案例从而使其获得市场认可。对数据资产价值的确定通常需要考虑内在价值、成本价值、经济价值与市场价值四个价值维度，而确定这些价值又涉及数据确权、价值计量、运营模式等方面。

数据确权，包括数据权属和数据权益两方面，解决谁有权利评估数据价值、谁有权利审核评估的结果、谁有权利享受数据价值带来的收益等问题。例如，数据的拥有方不一定是数据的使用方，数据的使用方也不一定是价值的受益方。

价值计量，解决不同运营体系下价值量化评估的逻辑与方法问题，包括数据产生成本与价值收益的评估等。例如，内部运营与对外交付是不同的计量逻辑。

运营模式，解决资产在不同场景下应当匹配何种评估体系的问题。例如，资产货币化与资产金融化是不同的价值评估逻辑。

因此，数据完全资产化是数据资产管理的前提。虽然确定数据资产权属和权益分配有利于提高市场主体参与资产交易的积极性、降低资产流通的合规风险、推动数据要素市场化进程，但现阶段数据资产的权属确认问题仍是巨大的挑战。各国目前尚无针对数据确权的法律规制，法院普遍采取个案处理的方式，利用包括隐私保护法、知识产权法及合同法等不同的法律进行判断，尚无法完美地解决数据确权与可靠计量的问题。

3. 数据资产管理的愿景

在厘清了数据资产管理的卡点问题后，我们便能对未来提出更完备的要求，包括两个方面：一是未来的资产管理方法与工具应当考虑对数据完全资产化的支持，例如数据权责的定义、分配，数据价值的计算与计量等；二是需要脱离传统的“总-分”模式数据治理管理思维，这种模式虽然有执行效率上的优势，但同时也会造成某种“职能孤岛”，使各职能之间割裂，造成各部门“为管而管”的局面，这无益于数据资产价值的最大化。因此，需要引入“一体化”模式，以价值变现为导向串联起各职能，更强调资产运营与管理而非纯粹的资产管理，为未来数据资产全面的服务化、业务化、商品化、货币化与金融化运营做准备。具体包括以下四方面内容。

（1）建立数据资产确权体系。从法律方面来看，相比于数据生产的成本，数据复制的成本极低，数据的复制和传播非常容易。因此，要研究数据使用权、收益权对数据所有权可能造成伤害的问题，建立数据资产确权体系，合理界定数据的勘探权、使用权、所有权、管辖权、共享权、收益权等。例如，可以将明确有所有权的数据资产归为有形资产、有使用权的数据资产归为无形资产等。

（2）建立数据资产计量计价体系。从目前电影、音乐、游戏虚拟财产等数据产品的销售实践来看，将数据资产视为无形资产来建立计量计价方法是可行的。因此，要建立数据资产评价的指导原则、计量的评价体系、基本要求和标准等，将通过确权和可计量的数据资产先行纳入组织会计报表，以实现数据的全面资产化。

（3）建立完善的数据资产运营体系。运营与管理都重要，但并不相同。一方面，需要把数据对象作为一种全新的资产，在从采集到服务再到销毁的整个数据生命周期里考虑信息价值的创造、增值与变现，考虑整个过程中数据的总体拥有成本；另一方面，在从面向组织内部的服务化、业务化延伸至面向市场的商品化、货币化与金融化运营时，分别构建合适的运营目标、流程、工具与管理职能，必要时需要具备与区块链网络、隐私计算等相结合的运营能力，以解决数据资产市场化时的安全问题。

（4）建立数据资产会计类别和处理方法。数据资产兼具无形资产和有形资产、流动资产和长期资产的特征，是一种新的资产类别，需要专门研究数据资产的会计处理方式。

其中，数据确权与可计量仍是业界的难点问题。

5.2.2 数据资产的计量

数据资产的成本和价值无法被可靠地计量，是数据资产难以进入会计报表的最主要的两大原因之一。换句话说，从经济法特别是会计法和审计法的角度来看，不能被可靠计量的数据资产无法进入组织的资产负债表，也就不适合作为资产来看待。本节讨论如何更可靠地计量数据资产。

1．资产量化的评估方

对数据资产的衡量及评价将来会有三个不同的参与方。

由数据拥有者单方发起：针对其所拥有的数据资产情况进行盘点、评价和审计，从而确定组织所拥有的数据资产总价值及成本，为使其进入会计报表或一级市场打下基础。

由数据资产交易双方共同发起：针对流通交易的数据资产价值进行衡量与评价，从而确定数据交易的定价。

由第三方行业监管机构发起：针对要流通发行的数据资产进行国家或行业层面的客观公正评价，推动和规范相关行业的数据要素市场化改革，为数据资产进入二级交易市场做准备。

2．资产量化的方法探讨

对数据资产的拥有者来说，可计量意味着需要量化数据资产的标的价值，即信息价值（若将数据资产视为无形资产，主要为其信息价值）和成本价值。量化计算后的结果可以作为数据资产商品化、货币化和金融化的评价依据。

基于“信息熵”的量化方法

1948年，美国数学家克劳德·艾尔伍德·香农在《贝尔系统技术杂志》上发表了信息论的奠基性论文 *A Mathematical Theory of Communication*。在这篇论文中，香农把通信的数学理论建立在概率论的基础上，并借用了热力学中熵的概念，提出了信息熵，才解决了对信息的量化度量问题。热力学中的热熵是表示分子状态混乱程度的物理量，而香农用信息熵的概念来描述信源的不确定度。

香农指出，信息量与不确定度有关，如果我们要厘清一件非常不确定的事，就需要大量的信息，相反，如果我们对一件事已经有了大致的了解，那么只需要少量信息作为补充。这样“熵”和信息量就联系了起来，衡量信息量的多少就等于衡量系统的不确定性。

吴军博士曾在《数据之美》中将投放广告的不确定性计算为 14 比特左右，然而，实际上信息熵的计算是非常复杂的，而具有多重前置条件的信息更是使得这种计算很难实现。所以，目前在现实世界中信息的价值大多是不能被计算出来的，就算被计算出来，也不一定能在市场流通的过程中获得多方的认可。但根据“熵”的定律，信息熵是可以在衰减的过程中被测定出来的，因此，我们可以说信息的价值是通过信息的传递体现出来的。通常，数据信息流通的范围越广、持续的时间越长、能解决的不确定性问题越多，那么其就越有价值。

量化资产的信息价值

衡量数据资产所产生的信息价值还是要看其在流通的过程中、在数据需求方使用数据时，是否有效地解决了不确定性的问题、解决了多长时间段内的问题、解决了多少需求方的问题等。未来，我们可以从不同的维度去量化信息价值，如图 5-3 所示。

关联度：数据与业务应用实现之间的关联匹配情况。例如，业务应用需求同时包含不同性别、多个年龄层和不同地区的用户群体画像数据，提供方所提供的数据资产集是否满足和匹配需求。

有效性：数据对业务应用场景的降本增效、价值变现起到的作用。例如，生产设备的日志数据集最终通过预测性维护应用，减少了设备宕机时间，使设备的租赁周期可以相对延长，这种延长增加了实际租赁业务的收入。

准确性： 数据对被描述对象的语义表述的确切程度。例如，对用户在搜索框中的语句进行拆分，拆分后的关键词能否准确地表述用户的意图。

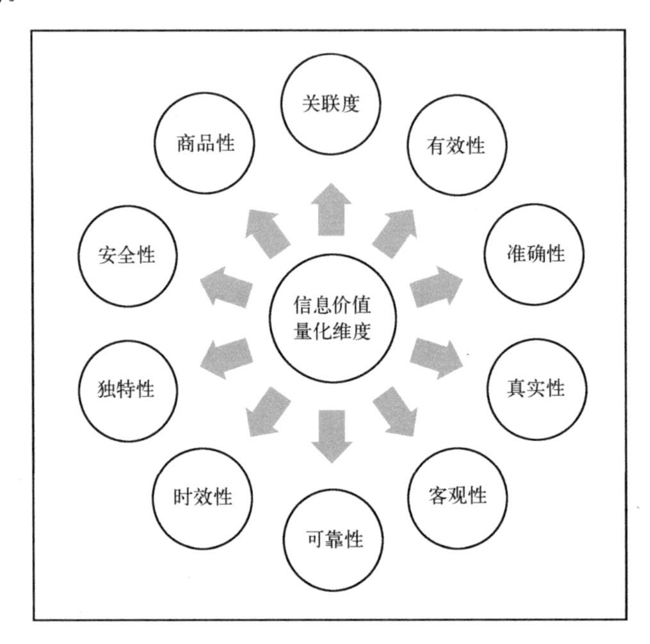

图 5-3　信息价值的量化维度

真实性： 数据反映被描述对象的真实情况的程度。例如，通过用户地理位置信息来判定用户常驻地区的这一过程是否偏离客观事实。

客观性： 数据的处理过程是否受到主观因素的影响及被影响的程度。例如，是否存在虚假数据。

可靠性： 数据在其生命周期内保持完整、一致与准确的程度。例如，用户的地理位置数据是否随着用户的迁移而完整、准确地变化。

时效性： 数据的更新服务的及时性以及满足服务等级协议（SLA）的程度。例如，用户群体的短期兴趣标签能否在 5 分钟内被请求及响应，用户群体的长期兴趣标签能否保证每天凌晨准时批量提供。

独特性： 又称稀有性，指与其他数据提供者的差异化程度，体现在对数据源的勘探与采集是否有排他性，数据加工处理的过程是否有专业性、独特性等方面。例如，腾讯对微信公众号的数据采集有闭环的排他性，且其加工处理的过程又具有基于内部专利算法的增值效应。

安全性： 数据符合国家法律法规的程度。例如，是否满足隐私保护的要求，个人数据是否匿名、脱敏等。

商品性： 标准化的数据资产商品的商品化程度。例如，数据结构、存储载体等是否与实际应用需求相符；数据说明书中的数据字典、数据描述、元数据是否与实际的数据情况相符；数据编码是否符合通用规范，其形式是否清晰易懂；若有多层数据，其之间的数据关系、数据血缘是否清晰、完备且可溯源等。

量化资产的成本价值

相比于信息价值，数据资产的成本价值的计量则要更主观且更容易。数据资产的成本价值主要从数据资产的建设成本、运营成本与管理成本等维度来衡量，如图 5-4 所示。

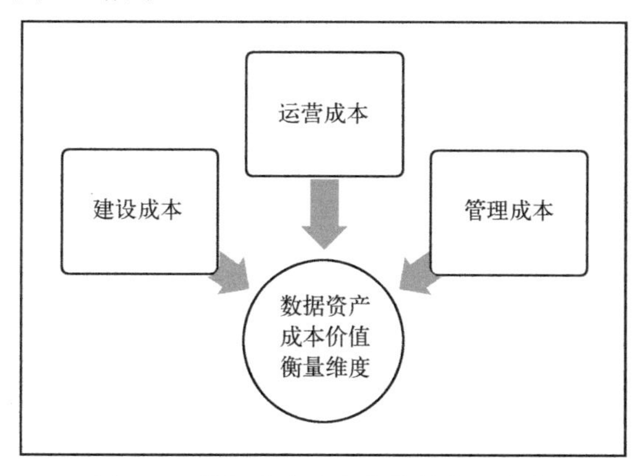

图 5-4　数据资产成本价值的衡量维度

建设成本： 与构建数据相关的规划、采集、存储、处理加工、数据建模与标签画像等的软件、硬件及人力成本。

运营成本： 数据持续存储、持续融合汇聚、持续加工建模、数据算法优化、信息及内容挖掘、数据资产维护、数据设备折旧等的软件、硬件及人力成本。

管理成本： 在建设和运营期投入的直接或间接的管理成本，包括人力成本、办公/水电/宽带/机房/物料等间接成本、风险成本、销售成本及市场活动的服务外包成本等。

3．资产计量的实践、研究与案例

▶▶ 互联网企业的实践案例

作为数字原生企业，互联网厂商拥有的海量数据是其天然的优势，但这也会带来天然的烦恼。数据的产生、存储与使用都有相应的成本，因此做数据资产管理时很重要的一个目标就是成本优化，优化的成本随即就能变成利润。而成本优化的前提就是要做好数据资产的价值评估，同时考虑信息价值、总体成本与生命周期，使对高价值、低成本、长周期的数据资产的投入最大化，减少对低价值、高成本、短周期的数据资产的投入。

（1）信息价值的量化评估。信息价值的量化评估从对数据使用的热度、广度和业务收益度三个角度切入，并建立相应的评估模型，最终从数据资产的各项指标及变化趋势来计算其信息价值。数据资产信息价值量化评估模型如图 5-5 所示。

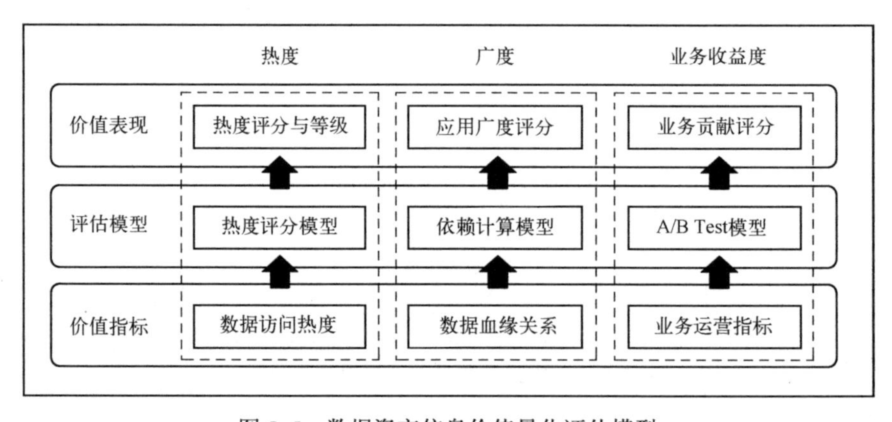

图 5-5　数据资产信息价值量化评估模型

数据热度评估模型的原理是，基于每个数据节点的调用次数进行递归计算，父节点的热度等于该节点的调用次数与其所有子节点的调用次数之和，因此，父节点的热度大于子节点的热度。以图 5-6 所示的节点依赖关系为例来计算数据节点热度。节点 A 的日调用次数为 5 次、节点 B 的日调用次数为 50 次、节点 C 的日调用次数为 20 次、节点 D 的日调用次数为 10 次、节点 E 的日调用次数为 20 次、节点 F 的日调用次数为 30 次、节点 G 的日调用次数为 40 次，则节点 B 的热度为 50+10+20+30=110、节点 C 的热度为 20+20+30+40=110、节点 A 的热度为 5+110+110=225。根据计算结果可以将数据资产的热度分为冰（热度=0）、冷（0<热度≤10）、温（10<热度≤200）、热（热度>200）等不同级别。

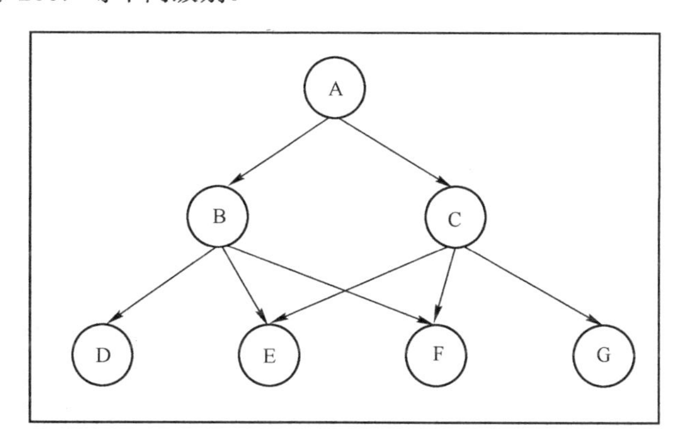

图 5-6 用于数据节点热度计算的节点依赖关系示意图

数据广度的评估模型的原理是，基于数据服务数与功能模块数计算点积。以图 5-7 所示的依赖关系为例来计算数据广度。数据源 S 有 3 个数据服务 A_1、A_2、A_3，每个数据服务又有各自相关的功能模块，那么 A_1 涉及的功能模块数为 2、A_2 涉及的功能模块数为 3、A_3 涉及的功能模块数为 2，最终数据源 S 的广度为 3×(2+3+2)=21。根据计算结果可以将数据资产的广度分为微（0<广度≤10）、小（10<广度≤100）、中（100<广度≤500）、大（广度>500）等不同级别。

之前讨论过，数据资产具有可复制性，其另一个重要特性是时效性。部分的信息价值会随着时间的推移而减弱，因此除了数据广度与热度，还要把数据的生命周期纳入信息价值的评估体系。可以使用更为综合的指标，即数据在线度，来衡量在某一个时间点上该数据资产的信息价值。

值得一提的是，有些数据虽然调用次数不多、应用广度不高，但对组织却有着重大的意义，例如财务数据、人事数据、固定资产类数据等，所以，这些数据的重要性在评估价值的时候也要被考虑进去，例如按重要性分为 1

分到 5 分。

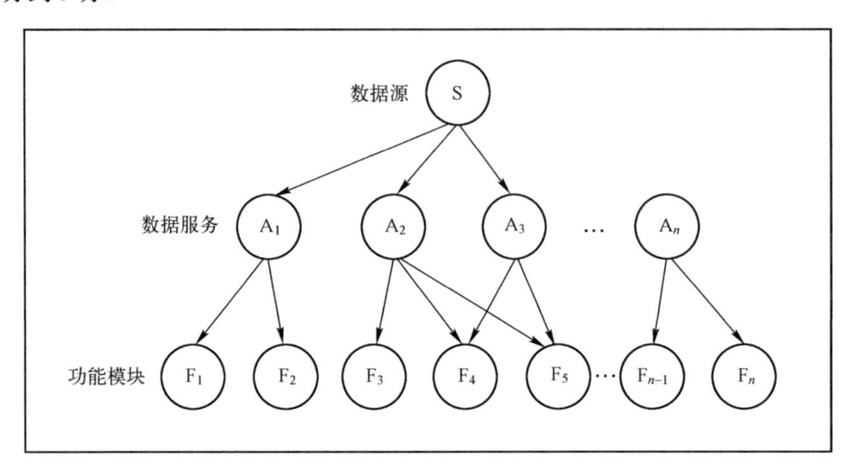

图 5-7　用于计算数据广度的依赖关系示意图

因此，数据在线度应当是一个考虑了数据热度、广度、重要性与生命周期的综合指标。数据在线度与生命周期的关系如图 5-8 所示。通常采用点积来计算数据在线度，例如数据源 S 的热度为 a，广度值为 b，重要值为 c，则数据源 S 的数据在线度=a·b·c。

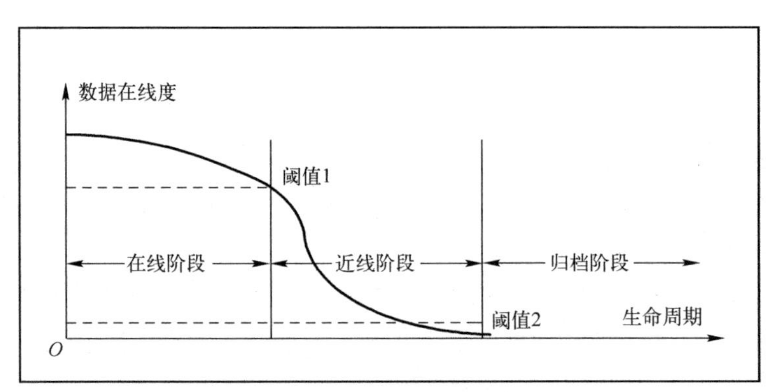

图 5-8　数据在线度与生命周期的关系

（2）成本构成的量化。数据成本的量化则相对简单，只需全盘考虑在整个生命周期中数据的存储、计算、服务所涉及的硬件、软件、人力、网络等的成本开销并进行分摊即可，这里不做赘述。数据成本管理架构如图 5-9 所示。

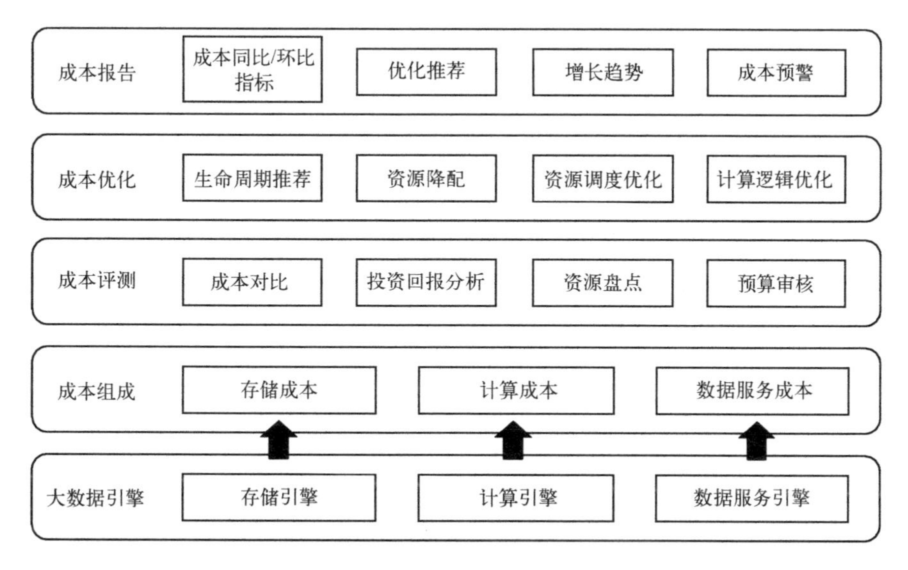

图 5-9　数据成本管理架构

国内外数据价值评估研究

狭义的数据价值是指数据的经济效益，广义的数据价值除了包含经济效益，还考量数据的业务效益、成本计量等因素。中国信通院的《数据资产管理实践白皮书 5.0》就聚焦广义的数据价值。数据价值评估是指通过构建价值评估体系，计量数据的经济效益、业务效益、投入成本等。数据价值评估是数据资产管理的关键环节，是数据资产化的价值基线。

目前，国内外相关的标准化组织、财会领域组织、技术咨询服务企业从多个视角开展了积极的探索研究。中国信通院对国内外关于数据价值评估的部分研究成果进行了总结，如表 5-1 所示。

表 5-1　国内外关于数据价值评估的部分研究成果

研究单位	单位性质	时间	主要贡献	评价及参考价值
国家标准化管理委员会	中国标准化组织	2020 年	发布了国家标准《电子商务数据资产评价指标体系》（GB/T 37550—2019）	提出了数据资产应用效果的分析方法，考虑数据资产使用对象、使用次数和使用效果评价，在评估数据资产运营效果时有参考价值

续表

研究单位	单位性质	时间	主要贡献	评价及参考价值
中国资产评估协会	中国财政部下属行业组织	2020年	提出了数据资产的资产评估专家指引，参考无形资产评估为数据资产评估提出了改良成本法、改良收益法及改良市场法三种评估方法	作为资产评估专业机构，其提出的三种评估方法在数据资产的经济价值衡量中具有权威性及可落地性
Gartner	全球技术咨询服务公司	2020年	提出了市场价值、经济价值、内在价值、业务价值、绩效价值、成本价值、废弃价值、风险价值共八大维度的信息资产价值评估模型	Gartner的评价框架从多个角度评估数据资产的多方面价值，分析维度较完整，具有很强的参考价值。但具体价值评估指标含义模糊、数据来源及计算方式笼统，不具有落地性
Forrester	全球技术咨询服务公司	2020年	提出了报表、BI类应用的经济价值评估方法	采用了多步式方法评估BI应用对组织的影响，测算出的经济价值相关参数具有一定的参考价值
阿里研究院	中国技术咨询服务公司	2019年	发布了报告《数据资产化之路——数据资产的估值与行业实践》，分析了数据资产价值的影响因素及五种评估方法，包括市场价值法、多期超额利润法、前后对照法、权利金节省法、成本法	将数据资产与无形资产进行对比，探索了无形资产评估方法在数据资产评估中运用的可行性。以方法论形式提出评估方法，未考虑估值方法的可落地性

中国信通院还指出，多数企业在数据资产定价方面的尝试具有一定的局限性，集中表现在两个方面：一是数据资产定价并未完全得到财务部门的认可，尚未计入企业的资产负债表；二是由于当前国内数据交易市场并不成熟，数据定价仍以合同形式对单笔交易进行约定，因此，数据定价标准的权威性与通用性不足。此外，为实现数据资产管理的目的，我们在关注数据资产的“有形”价值时，不应忽视数据资产的“无形”价值。但这并不影响国内外的先进企业与组织逐步加快在数据价值评估体系建设方面的探索与实践。

▶▶ 国内外数据价值评估案例

笔者认为，对数据价值进行评估的最佳实践会结合某个行业、某个地区的实际应用场景，在各细分领域最先出现。

现在我们可以看到的是，除了个人数据，不同行业具有相同发展阶段或相同供应链地位的企业，正在试图寻找一种技术上可行且市场上认可的方式来评估自己数据集的价值。例如，在汽车行业，大家正在努力寻找一种方法来评估自动驾驶汽车所产生的数据价值；在石油行业，大家围绕地质、气候、交通运输的数据，甚至是地震数据来进行评估；在智慧城市领域，大家正聚焦于城市的物联网数据；在医疗行业，大家希望针对罕见病患者的数据建立起共同的数据价值评价标准。

2018 年，英国议会特别委员会的一项讨论指出，英国国家医疗服务系统（National Health Service，NHS）的患者数据集的总价值在 100 亿英镑左右，并有人认为，个人健康数据的相对价值大约是个人信用卡信息价值的 10 倍。2018 年 11 月，在国际货币基金组织（International Monetary Fund，IMF）的一次会议上，研究人员探讨了衡量经济价值需要认识到数据的影响的议题。

我国也有积极的实践。2021 年，电力行业和银行业在数据价值评估方面迈出了探索性的一步。2021 年 1 月，光大银行发布的《商业银行数据资产估值白皮书》，系统研究了商业银行的数据资产估值体系建设，提出了成本法、收益法、市场法等货币化估值方法。2021 年 3 月，南方电网发布的《中国南方电网有限责任公司数据资产定价方法（试行）》，规定了公司数据资产的基本特征、产品类型、成本构成、定价方法，并给出了相关的费用标准，为后续数据资产的高效流通做好了准备。2021 年 10 月，浦发银行发布的《商业银行数据资产管理体系建设实践报告》，根据数据资产能否直接产生价值，将数据资产分为基础型数据资产和服务型数据资产，并将数据资产列入资产负债表、现金流量表和利润表之外的第四张表——数据资产经营报表。据了解，国家电网电商公司、东方航空也正在开展针对数据资产价值评估的研究。

一旦数据被视为一种资产，它也就有可能成为一种负债，毕竟，资产提供未来的经济利益，而负债则代表未来的义务或风险。例如，根据《个人信息保护法》《数据安全法》，采集和存储某些类型的数据可能会有违用户的信任或违反法律规制，从而成为一种风险，这也可能意味着保护数据的成本将超过丢失数据的损失。在现行的法律规制下，企业和组织一方面“有责任共享和使用数据用于公共利益”，另一方面“不恰当地使用数据用于私人和公共利益将被视为过失”，这就会使某些数据或与某些数据相关的行为成为“烫手的山芋”。这就形成了商业社会中常见的资产与负债的平衡。

虽然数据资产的计量工作任重而道远，但我国对该领域高度重视并进行了超前部署，针对数据资产更加量化与可落地的评价体系和标准将会陆续出台。这将加快培育数据要素市场，推动数据要素的市场化配置，加速数据要素的市场化改革。

5.2.3 数据资产的确权

确权困难是数据资产难以进入会计报表的两大原因之一。本节将讨论数据资产确权的问题。

1. 数据确权的困境

数据确权包括数据权属和数据权益的确定，如果混淆不清会带来很多问题。首先，数据确权作为数据资产化过程的重要一环，其界定不清会导致与之相关的数据流通、数据交易等制度缺乏基础。其次，数据确权涉及多方利益主体，各方之间既是共生共赢的关系，又存在利益冲突，数据确权不清会加剧利益主体之间的冲突。最后，数据被何人采用何种技术在何种情形下使用具有随机性，无法准确预料，以“一刀切”的方式对数据进行确权，即使一时有了稳定的数据确权规则，但如果无法保障灵活性，则会很快过时。

数据的复杂性和相关利益主体的诉求多样性是数据确权困难的重要原因，腾讯研究院高级研究员秦天雄在其文章《数据产权界定的难题，到底如何解决？》中对数据产权界定困境做了详尽的研究，如图 5-10 所示。

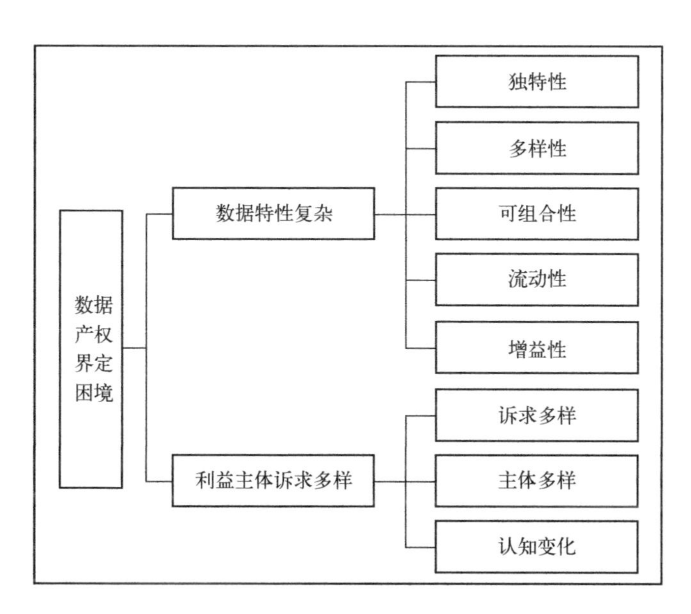

图 5-10　数据产权界定困境

数据产权界定的困境具体包括以下几方面的因素。

独特性：数据不同于土地、资本、技术等传统生产要素，其既是生产要素，同时也映射了社会关系。

多样性：指任何以电子或者非电子形式对信息的记录，包括网络数据和非网络数据。

可组合性：任意两个以上的原始数据均可组成新的数据集，规模不同、性质不一的数据集均可统称为数据。

流动性：数据流动是实现价值的前提和基础，也给数据产权界定的灵活性、适应性提出了更高的要求。

增益性：数据不同于使用价值一般会逐渐降低的物品。随着数据处理技术的发展，基于已有数据可以挖掘更多的信息，生成新的数据产品，形成新的数据业务，并通过数据流动使数据价值不断变动，从而出现价值增益。

诉求多样：个人（隐私保护）、企业（数据利用）、行业（数据变现）、产业（数据流通）、社会（数据共享）、国家（数据安全）均存在不同的利益诉求。

主体多样：数据行为链可能会涉及多个主体，难以完全提前预判，具有多元性和不确定性。

认知变化：对数据的利益诉求及社会认知并非固定的，随着社会的发展和社会认知的调整，对数据的利益诉求和认知也会不断变化。

2. 确权困境的示例

▶▶ 不同权利构成的数据资产

由于数据资产的权利构成不同，进而导致定价及交付的方式也会截然不同，因此，即使是同一数据源也会形成不同产权的数据资产，如图 5-11 所示。例如，某市的总体人口库数据集在资产化的过程中，对是否允许各政府机构将这个人口库数据集再次共享和跨境流动设置不同的权利属性，就可以形成多种不同的数据资产：一种是只允许各政府机构在境内合规的范围内再次共享的人口库数据集，另一种是不仅允许在境内共享，也允许跨境流动的人口库数据集，还有一种是不允许再次共享和跨境流动的人口库数据集。很显然，这几种不同的数据资产的定性、定价与交付方式都会有显著的差异。

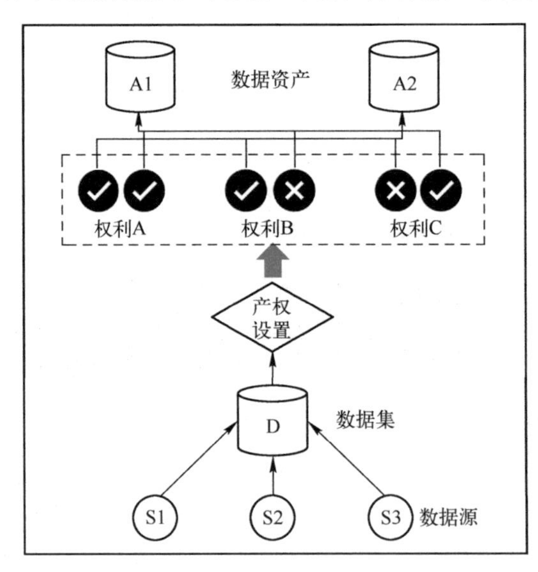

图 5-11　同一数据源会形成不同产权的数据资产

数据处理后形成新的确权问题

此外，已形成的数据资产经过再开发也会形成新的数据资产，而原有的数据资产也会得到新的拓展。如之前所述，数据处理的过程赋予了数据新的信息价值，由此所产生的新的数据资产确权问题需要被重新考虑。

一种情况是，从数据资源到不同阶段的数据资产，整个数据处理链路上的附属权利在各种处理逻辑的作用下始终保持不变；另一种情况是，附属权利发生了变化，例如，某组织内所形成的数据资产在未脱敏和匿名之前，只有管理权和使用权，但按照相关法律规制执行了脱敏与匿名任务之后，又增加了共享权与资本权。

更进一步地，当组织在对数据资产进行价值再创造时，如果面临多源输入的情况，那各自资产上的附属权利的变化情况就会更复杂。一种数据资产融合后产生新的确权问题的典型情况如图 5-12 所示。组织对自有的数据资产 A 具备管理权、使用权、共享权和资本权等，该组织又从交易市场上购得了只有使用权的数据资产 B 且无法将其与他人共享，那该组织基于数据资产 A 和 B 进行数据融合处理得到的新的数据资产 C 是否可以被共享？也就是说，组织通过自身的劳动获得了具有新的价值的数据资产 C，这种价值能不能通过共享或交易的方式变现？如果可以，是否违反数据资产 B 无法被共享的约定？如果不可以，势必会损害组织创造数据价值的积极性。

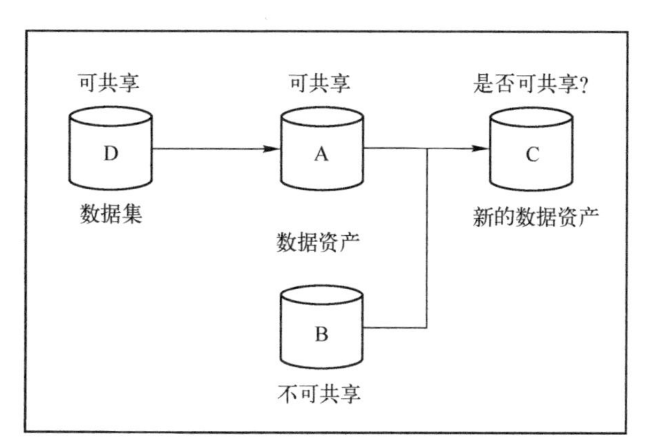

图 5-12　数据资产融合后产生新的确权问题

3. 数据确权的探索

笔者认为，数据确权的核心目标是通过解决数据权属问题来判定数据权益问题。然而，由于数据资产具有传统资产所不具备的其他特征，目前似乎并没有一种放之四海而皆准的确权方法，因此更多地考虑从实践经验出发进行探索。

有学者将数据产权分为所有权、支配权、使用权、收益权、转让权、处置权、隐私权和许可权等。其优点是参照物权法思维，使用贴近日常生活的所有权概念，大众较易理解，有利于推动大众对数据价值的认知。而且，随着区块链技术的发展，部分数据逐步显现物权化的特点，这提高了将特定数据作为所有权客体的可能性。

然而，参照物权法思维的弊端也很明显：一方面，很多情况下即使赋予所有权，权利人也无法真正实现对数据的控制；另一方面，这种方式的包容性不够，难以适应数据组合多样、性质多变的特点。

数据权属归谁，归纳起来有四种情况：数据属于个人、数据属于平台、数据属于个人与平台共有、数据属于公众。随着对数据性质、数字经济发展规律的进一步理解，人们发现无法将数据权属简单地归于某个单一的主体，这将无法平衡各参与方对数据共存的利益诉求。

4. 突破困境一：场景化确权

在实践中，基于过去的经验很难对数据进行准确确权。因此，有很多研究指出，数据产权是一种特殊的产权，应拟定《数权法》来规制数据产权，以激励与相容为原则，促进数据资产的流通和交易。然而，在相关法律出台之前，折中的办法是根据现有的法律和市场的情况进行选择性确权。例如，定义数据主体的权益在一定程度上可以缓解由于数据资产难以确权带来的困境，有些学者称之为“场景化的数据确权方式”。

在立法层面，我们发现部分法律已采用场景化的思路，具体内容如下。

《民法典》：重点对保护个人信息这一场景设定了不同的行为规范。个人信息主体的利益诉求主要是可控性，所以要求处理个人信息的行为人应当遵循合法、正当、必要的原则，不得过度处理；信息处理者的利益诉求主要是免予承担责任，所以规定了信息处理者处理个人信息免责的三种情形。

《网络安全法》：重点对网络运营者的网络信息安全保障义务进行了规定。例如，在保存用户个人信息的场景下，用户的利益诉求主要是安全存储，所以要求网络运营者不得泄露、篡改、毁损其收集的个人信息。

《数据安全法》：重点规定了数据处理者的安全保障义务。例如，在数据安全涉及国家安全的场景下，国家的利益诉求是维护国家安全，所以要求在开展影响或者可能影响国家安全的数据活动的场景中，对数据进行国家安全审查；而在与履行国际义务或者维护国家安全相关的数据出口的场景中，要求对属于管制物项的数据依法实施出口管制措施。

《个人信息保护法》：重点对个人信息进行保护，对个人信息处理全流程多个场景下的利益分配原则进行了规定，例如知情权、决定权、查阅复制权、更正补充权、近亲属权利、可携带权、删除权、限制或拒绝处理权等。

此外，近年来的司法实践逐步明确了企业对其投入劳动，收集、加工、整理而成的数据产品享有财产性权益，在依法获取的各类数据基础上再次开发出来的数据衍生产品及数据平台等的财产权益也受到法律保护。

我国通过明确自然人、法人和非法人组织的数据权益，保障了包括自然人在内各参与方的财产权益，起到了鼓励企业在合法合规的前提下参与数据资产流通的作用。我国涉及自然人、法人和非法人数据权益的部分法规及其规定详见表 5-2。

表 5-2　我国涉及自然人、法人和非法人数据权益的部分法规及其规定

法规名称	施行时间	内容
广东省数字经济促进条例	2021 年 9 月	明确自然人、法人和非法人组织对依法获取的数据资源开发利用的成果，所产生的财产权益受法律保护，并可以依法交易。有条件的地区，可以依法设立数据交易场所
深圳经济特区数据条例	2022 年 1 月	提出“数据权益”，明确自然人对个人数据依法享有人格权益，包括知情同意、补充更正、删除、查阅复制等权益。自然人、法人和非法人组织对其合法处理数据形成的数据产品和服务享有法律、行政法规及本条例规定的财产权益，可以依法自主使用

续表

法规名称	施行时间	内容
上海市数据条例	2022 年 1 月	自然人对涉及其个人信息的数据，依法享有人格权益；自然人、法人和非法人组织对其以合法方式获取的数据，以及合法处理数据形成的数据产品和服务，依法享有财产权益、数据收集权益、数据使用加工权益、数据交易权益
重庆市数据条例	2022 年 7 月	明确了数据要素市场制度框架。强调自然人、法人和非法人组织可以通过合法、正当的方式依法收集数据；对合法取得的数据，可以依法使用、加工；对依法加工形成的数据产品和服务，可以依法获取收益
黑龙江省促进大数据发展应用条例	2022 年 7 月	明确了数据资源的一般权益，对依法加工、使用数据，享有法定财产权益，建立数据权属登记制度，以及行使相关数据权益应当履行的义务等作出规定
辽宁省大数据发展条例	2022 年 8 月	设置“数据要素市场”专章，明确了市场主体在数据采集、加工、使用、交易等基本权益方面的保障性规定
北京市数字经济促进条例	2023 年 1 月	明确了除法律、行政法规另有规定或者当事人另有约定外，单位和个人对其合法正当收集的数据，可以依法存储、持有、使用、加工、传输、提供、公开、删除等，所形成的数据产品和数据服务的相关权益受法律保护
四川省数据条例	2023 年 1 月	自然人、法人和非法人组织可以依法使用、加工合法取得的数据；对依法加工形成的数据产品和服务，可以依法获取收益
陕西省大数据条例	2023 年 1 月	引导和支持自然人、法人和非法人组织利用数据资源创新产品和服务，发挥数据资源的经济价值和社会效益
广西壮族自治区大数据发展条例	2023 年 1 月	自然人、法人和非法人组织对其合法取得的数据，可以依法使用、加工。法律、法规另有规定或者权利人另有约定的除外。 自然人、法人和非法人组织对其合法处理数据形成的数据产品和服务享有法律、法规规定的财产权益，依法自主使用、处分。 县级以上人民政府可以探索建立数据权属登记制度，依法保护自然人、法人和非法人组织合法处理数据享有的财产权益，推动数据交易活动开展

5. 突破困境二：区块链结合物权体系赋能数据确权

我们急需一种新的技术手段来帮助我们进行数据确权，而区块链技术或许正是这种技术。

基于区块链技术，利用加密技术获得的非同质化通证（Non-Fungible

Token，NFT）具有去中心化的数据处理及管理能力。而且，上链的数据资产的每个节点都可验证，这十分契合物权特征的现状。因此，我们可以结合 NFT 与数据资产，将区块链数据资产纳入物权保护体系，权利人对其区块链数据资产享有所有权，包括占有、使用、收益、处分等权利。物权的排他、优先、追及、请求等权利也应适用于区块链数据资产。基于此愿景，未来可能的较完整的数据确权架构如图 5-13 所示。

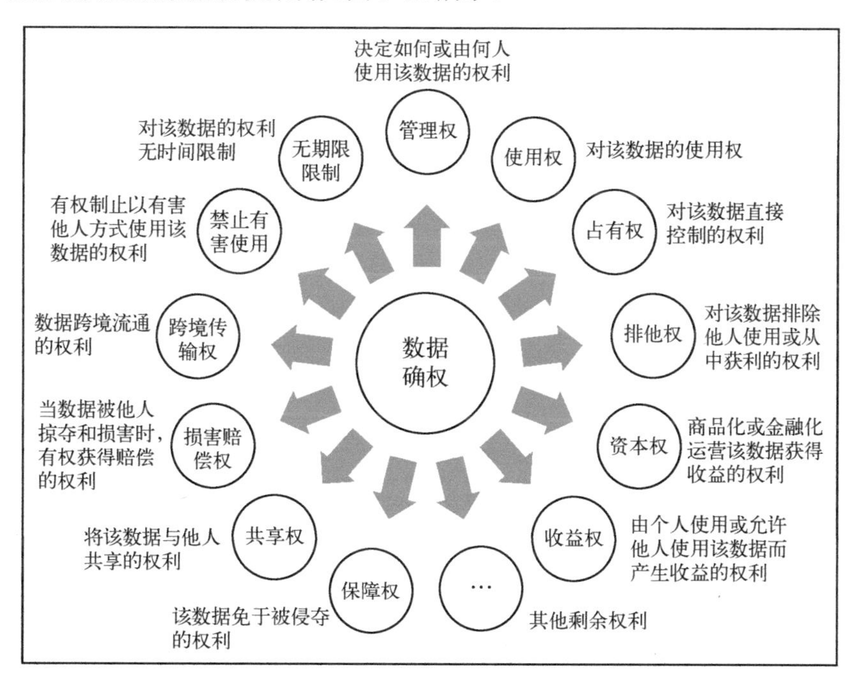

图 5-13　可能的数据确权架构

6．确权后对资产管理的新要求

数据资源及其附属的权利属性是数据资产化的核心内容。因此，未来数据资产管理中最重要的部分是要用标准化、规范化的数据资产描述来编制数据资产目录。数据资产目录将会是数据资产注册、登记、查询、审批与共享的主要形式，也是数据资产化运营的重要基础之一。典型的数据资产目录示例如图 5-14 所示。

```
{ Data Assets ID:                #数据资产ID
    Data Assets Name             #数据资产名称
    DataResource: {              #数据资源描述
      DataSets ID:               #数据集编号
      DataSets MeteData:         #数据集元数据
      DataSets URL:              #数据集地址
    }
    Rights-Portfolio: {          #数据资产权利构成
      Rights Name:               #权利名称
      Rights Attribution:        #权利属性
      Rights Credential:         #权利凭证
    }
};
```

图 5-14　数据资产目录示例

马克思曾说："社会不是以法律为基础的。那是法学家们的幻想。相反地，法律应当以社会为基础。"《"十四五"大数据产业发展规划》明确提出，要建立数据要素价值体系，按照数据性质完善产权性质，建立数据资源产权、交易流通、跨境传输和安全等基础制度和标准规范，健全数据产权交易和行业自律机制。这方面我们还有一段路要走，而且可能是一段艰难且漫长的路。

5.3　数据资产交付

在时空维度上，数据资产交付既可以是持续的、固定连接的形态，也可以是按次数、按时间、按需连接的形态。这就决定了数据资产交易形式的多样性，包括直接交付、双边或多边安全交付等不同形式。数据资产交付的主体也有不同的形式，包括组织对组织、个人对组织、个人对个人等。不仅如此，未来数据资产的交付主体或将延伸到智能机器，形成机器对机器的数据资产交易市场。要实现这些更复杂、更动态的交付和智能合约，就需要建设富有弹性且具备可信可追溯能力的数据市场基础设施。

5.3.1 三种不同的交付形式

从交付形式上来说，在相关法律法规的要求下，未来的数据资产交付形式可分为三种。

直接交付： 数据提供方向数据需求方开放数据资产数据集的直接访问权限。数据需求方可以通过 API 或其他技术方式获取数据。

双边安全交付： 数据需求方不能直接访问数据提供方的数据资产数据集，只能将其数据加工处理的算法提交到双方约定的可信执行环境（Trusted Execution Environment，TEE）中，执行计算后获取结果。

多边安全交付： 多方按照协议约定，都不能直接访问彼此的数据资产数据集，只能按需由数据需求方提交数据算法，由多方参与数据供给，在安全、可信和隐私的计算环境中进行计算，获取计算结果。

直接交付的形式操作简单且运维成本低，现在的大部分数据平台设施都可以实现，过去大部分的数据交易都是这样的形式。但未来，随着交易各方对数据资产的重视、对数据确权的加强，以及市场的逐渐完善，特别是数据安全、财产观念和隐私保护等方面的考虑增多，预计这样的交付形式会逐渐减少。

双边安全交付和多边安全交付需要用可实现的技术和法律规制最大限度地保护数据资产的安全，最大限度地实现数据权属的可控与隐私保护。未来，这会成为市场中主流的交付形式，能体现数据的“可用不可见”和“交付即需计算”的特点。

5.3.2 三种不同的交付主体

从交付主体上来说，个人和组织既是数据的生产者，也是数据的使用者，在进行明确的数据确权后，就能确定谁是数据的拥有者和控制者。因此，当前数据资产交付的主体会有三种不同的形式：组织对组织、个人对组织、个人对个人。

组织对组织（Organization to Organization，O2O）： 数据提供方组织向数据需求方组织通过直接、双边或多边的方式提供数据资产，这也是当前和未来数字经济中最具规模性和贡献性的方式。

个人对个人（Peer to Peer，P2P）： 拥有自身数据的个人向其他个人通过直接、双边或多边的方式提供数据资产。随着数字化的深入和个人对数据价值及安全的认知提升，未来将会出现"个人数据资产"的形式。举例来说，某个项目奥运冠军的运动、作息、健康等数据对该项目其他国家的竞争者有很高价值的参考及借鉴意义，这样的个人数据资产就可以在数据市场中发行并形成交易。当然，这种形式出现的前提是个人有能力控制自身所产生的数据，能在智能设备上进行增、删、改、查及导出。

个人对组织（Peer to Organization，P2O）： 拥有自身数据的个人向组织通过直接、双边或多边的方式提供数据资产。例如，现在个人所穿戴的智能设备收集的环境噪声和地理位置等信息，配合天气、地理等时空数据，就能成为环保组织所需要的信息；又如，现在的智能设备具有空间环境扫描的能力，配合设备的摄像及录音功能，使个人有潜力成为某些地产、建筑、交通行业企业或组织散布在各地的"采集点"，个人可以有偿或以其他商业形式向这些企业或组织提供数据资产服务；再如，某位不幸罹患重疾即将去世的个人，想要为社会再做一些贡献，那除了器官捐献，还可以捐献个人的数据，特别是健康数据、医疗记录等，这可以帮助医疗机构积累更多的医疗数据并从中找出治疗的方法。

CHAPTER 6

06 第6章 初探数据经济学

数据资产金融化需要市场与技术的支撑。市场包括直接交易的一级市场与金融化后形成的二级市场。非同质化通证技术似乎正是推动数据资产金融化的有效手段。

数据货币化是要把数据当成货币，当作一种新的市场交易中介商品来代替金融货币，旨在冲破传统金融货币所带来的价格束缚，加快数字社会和数字经济的发展。

当一个组织有足够多的、有价值的数据资产后，数据金融化会极大地促进数据资本的形成。数据资本的投入不仅能够直接给组织带来数据资源，更重要的是以数据资本为纽带，组织能进入一个更大的数据生态中。

本章将从数据资产金融化、数据货币化、数据资本化三方面对数据经济学进行探讨，并大胆构想数据人民币体系的未来。

6.1 数据资产金融化

数据资产金融化需要两个基础：市场基础与技术基础。市场基础包括一级市场与二级市场的构建与成熟；技术基础则是运用区块链技术，将数据资产确权后，变为可以线上流通的数字通证。

6.1.1 市场基础：数据资产市场

随着越来越多的数据资源被资产化，数据资产的种类越来越多。在此基础上进行资产的再融合，并基于适配的数据模型与算法进行开发，会形成新的衍生资产。由此可见，整体上数据资产种类多样、高产且规模庞大，因此数据资产市场的结构也将会非常复杂。数据需求方可以从市场中的数据资产目录中搜索到想要的数据集，并通过数据经纪方或数据交易所联络数据提供方，完成双方数据资产的交易和交付。数据市场基础设施则要为供需双方的交易提供包括资产交收、清算结算等服务。

1. 一级市场

数据资产直接交易形成的市场，可以称为一级市场或初级市场。在这个市场中，供需双方通过商务合同来约定交易，并通过相应的数据市场基础设施来完成交易。随着交易的持续进行，数据资产就可以产生现金流。依据现金流，可以对不同的数据资产进行估值。数据资产所有者就可用其拥有的数据资产进行抵押、借贷、租赁、证券化和投资等。比如，政府某个公共部门基于其所建立的数据基础设施而产生的数据资产，在市场中可以作为发行政府债券的担保。又如，某个私营组织基于自身的数据资源开发形成的数据资产，对其供应链下游的批发企业发展有不可或缺的作用，可以将这些资产投入下游企业，并获得该下游企业成长发展所带来的回报。

根据中国网络空间安全协会发布的《中国数据交易实践趋势报告2022》，2021年，数据交易机构的数量加速增长，北京、上海、深圳、广州、湖南、福建等多个省市，相继设立数据交易机构。据中国信通院发布的数据及公开资料统计，全国已有40多家数据交易机构先后成立。2021年11月25日，上海数据交易所挂牌成立，当日推出的首批数据产品涉及电力、金融、电信、交通等八大领域。首单交易来自工商银行上海分行与国网上海电力公司，国网上海电力公司作为数据提供方将基于企业用电数据的信贷产品交易给工商银行上海分行，这个数据产品叫“企业电智绘”。

2. 二级市场

数据资产进一步金融化（如证券化、通证化）后所形成的市场，可以称为二级市场或次级市场。在二级市场上，数据资产的价值可以用证券或者通证来表示。通证化或凭证化之后的数据资产还可以开发出更复杂、更灵活的智能合约来满足市场的深度需求。对那些需要长期使用某种数据资产的需求方而言，他们自然希望可以降低价格波动的风险，而对于提供方也同样希望规避价格浮动的风险。因此，以数据资产的通证化为基础，未来还有可能构建数据期货、数据期权等，发展出数据资产的衍生品市场。

2021 年 10 月 16 日，广东省数据资产凭证化工作在广州启动，现场发布了首张“公共数据资产凭证”。佛山市某小微企业通过授权使用自身企业用电数据，在“粤商通”平台上申请到了一笔无须其他抵押的银行贷款，这是首张“公共数据资产凭证”的应用场景。电力数据作为高频采集的基础数据，除了具有连续性、实时性、真实性的特征，还与用电户的产权强相关。与电信数据、医疗数据侧重于 C 端数据采集不同的是，电力数据目前主要以 B 端用户数据为基础，本质上是企业的能耗数据，而能耗数据则可以从侧面补充企业的整体数据画像。

在该场景中，企业是数据主体，电网是数据提供方，相当于第三方“数据服务商”的角色，而银行则为数据需求方。其业务逻辑是，获得该企业数据的使用授权后，银行从电网获得相应的用电数据服务。借助该企业的用电数据，银行可完成针对该企业的企业画像生成、信用额度审核、贷款利率核定、贷后风险管理等流程。数据供需双方在电力数据服务合同中，约定数据字段提供的类型、频率、方式、服务期限等内容。

6.1.2 技术基础：非同质化通证

区块链技术在数据资产化和数据金融化方面的应用是不同的。数据资产化的主体是企业一方，强调上链后数据的确权；数据金融化的主体是市场多方，强调上链后的金融活动，如登记、通证、记账、锁定等。

区块链技术因 2009 年比特币的问世而受到持续追捧。其被认为是自商用大型机、个人计算机、互联网、移动互联网之后的第五个颠覆性的计算范式和新的基础性技术。人们开始相信它会给经济和社会系统建立新的根基。区块链技术与资产的结合，是区块链技术迄今为止最令人瞩目的社会实验之一，其中包括资产数字化与数字资产化。

资产数字化是对传统资产进行通证化改造的过程，它能给传统资产的登记、存储和交易带来新的优势。基于区块链技术，几乎所有的有形资产和无形资产都能以代码的形式写入区块链框架中，并以一个独一无二的标识符来表示（即所谓的“数字通证”），以便该资产在流转过程中可被追踪、控制和交易。

数字资产化则是应用区块链技术将数字资产代币化或通证化，使数字资产更容易进行金融化所需要的诸如登记、质押、通证和记账等活动。从数据资产的角度来看，若某个组织希望使用持有的数据资产到银行申请抵押贷款，银行只需要在链上对这个数据资产所对应的“非同质化通证”（Non-Fungible Token，NFT）进行一次增加锁仓标记的操作。由于区块链技术具有防篡改、可追溯和高透明的特性，这部分数据资产被锁定而无法参与其他金融化活动。又如，某个智能汽车制造企业想要开发高等级的自动驾驶软件，其中首先就需要准备和开发应用于自动驾驶算法的整套数据集（包括驾驶行为、汽车状态、路况信息、天气信息等）。这个过程通常是漫长的，需要耗费大量的人力与财力。那么该企业在准备好这样的高价值数据资产后，就可以在链上发行该数据资产的支持通证，以这样的形式进行融资，来保证企业可以过渡到下一阶段的自动驾驶算法和适配硬件的开发。

无论是资产数字化，还是数字资产化，都恰如其分地表明区块链技术能给资产金融化的创设、发行、保管、交易、使用等提供新的范式。借助区块链技术，各类资产都可以转变为可以线上流通的数字通证，并在区块链上进行流转，即形成所谓的“通证经济”。加密货币与数字藏品的成功，已证明了区块链数字资产具有巨大的潜力。

6.1.3 数据资产金融化应用：数字藏品

之前我们在探讨数据资产时提到过数据的稀缺性与无限性的问题，而NFT 似乎正是创造数据稀缺性、推动数据资产金融化、确定数据资产所有权及构建其金融活动流程的有效形式。其“非同质化”意味着每个 NFT 都是独一无二的，这意味着当一件作品被铸成 NFT 之后，这个作品就成为区块链上独一无二的资产。于是，似乎在一夜之间，NFT 就成了风口。自 2020 年开始，从可口可乐到迪士尼、漫威，再到路易·威登、古驰、亿贝、脸书，各路玩家都涌进了 NFT 的游戏场。

很平常的东西被铸成了 NFT，例如乔布斯手写的“工作申请”、NBA

赛场的高光时刻（TopShot）、像素头像（CryptoPunks）、球鞋、房产、万维网源代码、诺贝尔奖论文、《时代周刊》封面等。而天价拍卖则是 NFT 出圈的重要推手：数字视觉艺术家 Beeple 的一套作品 *Everydays: The First 5000 Days*，以 NFT 形式在佳士得拍出了 6934 万美元的天价；推特 CEO 杰克·多西发布的那条仅由五个单词组成的世界上第一条推特以 NFT 形式拍出了 290 万美元。艺术家 Banksy 的一幅原创画作在视频直播中被烧毁，然后以 NFT 形式售出了 38 万美元。目前，世界上已有 4 位加密艺术家因其作品在 NFT 领域受到热捧而身价上亿。

转向国内，2021 年 5 月，阿里拍卖推出了 NFT 数字艺术专场。随后，支付宝在同年 6 月联名敦煌美术研究所、国产动漫《刺客伍六七》推出了 4 款 NFT 付款码皮肤；7 月，网易旗下游戏《永劫无间》IP 也授权发行了 NFT；腾讯则在 8 月上线了 NFT 交易软件幻核，并首期限量发售 300 枚“有声《十三邀》数字艺术收藏品 NFT”，腾讯音乐（TME）也宣布首批限量“TME 数字藏品”将在 QQ 音乐陆续上线和发售；9 月，国产电影《青苔花开》宣称，由其全面许可的影视 NFT 产品即将于 10 月电影公映前上线，这也是我国首个影视 NFT 产品。

与此同时，我们看到腾讯和阿里进军 NFT 领域分别基于的是自家打造的至信链、蚂蚁链等联盟链。与多数海外 NFT 交易平台选择的公链不同，联盟链参与方可控且隐私保护能力较强。此外，据称腾讯、阿里、网易等推出的 NFT 均无法进行转赠和二次交易。由此可见，在国内 NFT 尚处于发展阶段且相关法律规制尚不成熟的背景下，大厂的谨慎态度显然是为了避免助长投机炒作。但文娱、艺术产业和科技巨头的热情拥抱所透露出的信号非常明显，那就是基于 NFT 技术进行数据资产化与数据金融化的势头已不可忽视。

6.2 数据货币化

过去，我们对“数据货币化”的认知局限于把数据作为一种新的商品进行交易来获取金钱货币，这其实只是体现了数据的商品化。笔者认为，数据货币化就是要把数据当成货币本身。

6.2.1 向基于数据的市场转变

1. 金融货币的局限：被价格压缩的信息

作为交易媒介的货币，一方面促进了市场交易，另一方面使市场的运转更加高效。以货币为基础的市场几乎融入了现代文明社会的各个部分。

过去，货币和价格只是信息的浓缩。在以物换物的时代，交易双方对于物品本身的属性及所能提供的功能等信息的掌握是非常不够的。例如，渔民用打捞上来的鱼去和制皮商换一件冬天用来保暖的毛皮时，制皮商并不知道这鱼味道是否鲜美、品种是否稀少，渔民也不知道这件毛皮的背后有多少工序、是否足够保暖及耐用。于是，后来人们就利用货币和价格作为一种公认的标准，使交易进行可以更加容易。

如果双方交易成功，产生的交易信息也会被共享和被市场接受，为后面的交易确定基线；如果交易不成功，这就意味着基于当前市场所释放出的信息——包括市场对商品的理解及交易双方对各自物品的价值期望——这两样物品的供需交换基础还不成熟。换言之，货币和价格将市场与个人的偏好、供应与需求的关系都压缩在了一个单一的信息单元中，即一个以货币为基础的价格数据。

在把数据信息压缩进货币价格的过程中，会丢失许多细节信息。人脑并不擅长处理大量的数据信息。为了降低处理海量数据的成本和交易复杂度，人们选择基于货币价格进行交易其实是一种妥协，因为它帮助我们删减了市场信息。虽然减少需要处理的信息意味着可以降低交易的成本，但这并不意味着人们就会作出一个好的交易决策。中国有句古话叫“货比三家”，就是说相对地增加交易成本可以作出更经济的交易决策。在互联网电商时代，层出不穷的比价网站和插件，就是想要利用更多的数据，帮助消费者作出更符合个人偏好的、逻辑更清晰的交易决策。

金融货币价格解决了交易信息过量的问题，但由于存在信息丢失，因此也意味着可能无法满足参与方的全部需求与个人偏好。解决这个问题的方式或许应该是利用更多的数据所带来的信息去完善货币价格有限的信息功能，甚至是代替它。现在，就有各种数据处理工具和高级智能算法来辅助我们理解过去无法被捕获和处理的海量数据信息，帮助我们对市场和商品有更全面和完整的理解，辅助我们作出更好的决策，甚至代替我们去思考和作决定。

2. 数据信息的价值：从单一价格到多元信息

当市场参与者在交易过程中，思考的都是如何获取更丰富的数据信息来弥补单一货币价格信息的不足时，仅仅依赖货币价格信息的参与者就会越来越少，货币所携带的信息价值对于整体商品价值的贡献也会越来越少，那么，整体市场的基调就会从基于货币的市场向基于数据的市场转变。或许有一天，人们不再把市场经济的发展等同于金融资本主义的发展，而会把市场的繁荣归因于海量数据要素的充分流通。

例如，人们在日常网购时，在输入关键词之后，几乎很少直接基于价格排序来作购买决策，而是基于销量、热度、口碑等因素来综合考虑，在翻查一件商品的上百个评论数据后才作出购买决策，这在年轻的网购消费群体中也越来越普遍。

又如，过去经过一家实体奢侈品服装店的橱窗时，你能看到的是陈列的商品和价格标签（可能价格标签也没有），仅此而已。得益于数字技术的发展，现在人们用手机的增强现实技术，通过扫一扫商品标签上的条形码或二维码，就可以看到更多市场参与者想要看到的数据信息，比如原材料是否环保、制造工序是否复杂、是否由某个著名时装设计师设计、是否与当季流行元素吻合、是否有特殊的洗涤要求等。如果数据提供方开放数据，甚至还能看到过去的历史成交信息、商品回溯信息等。以何种方式提供这些数据并不重要，不同的方式影响的是用户体验，重要的是参与方可以获得这些数据，这才是数字时代形成高效交易的必要基础。货币价格将不再是消费者参与市场交易时能考虑且掌握的唯一因素。

在以数据为基础的市场中，货币价格不再是参与者关注的唯一重点。我们现在仍然会用货币进行支付，但我们不再需要用货币价格作为信息的唯一载体，我们可以关注并获得更多维度的数据信息，这样会形成更有效且高效的市场交易。

6.2.2 用“数据”支付

只要人们能获取的数据信息作用范围足够广、数据价值足够高、数据需求方足够多、交易成本足够低，未来我们就有可能看到用“数据货币”而不是用金钱货币来支付的交易。

1. 数据支付不是新鲜事

我们每天都在做着这样的事情：允许厂商收集我们的个人数据来支持由第三方付费的营销活动（如个性化广告、商品推荐等），而我们就可以继续享受这些厂商提供的“免费”应用服务。其实，这些服务并不“免费”，只是我们在对“个人数据资产”的价值认知不够的情况下，用个人拥有的数据进行了“支付”而已。

试想一下，我们在使用某些视频应用的时候，虽然我们已经向平台“支付”了个人的数据，获取一些免费内容的观赏，但对于有些内容用户仍需要额外付费（如会员付费、单片购买等）。在这个交易过程中，如果用户可以更好地理解个人数据资产的价值潜力，那么是否可以抱团与平台进行所谓的“商务谈判”并以此换来更多的免费内容呢？

从另一个角度来说，一个在平台上更活跃的用户势必会比其他不活跃的用户向平台“支付”更多的“数据货币”，那这类用户是否应该获得更多的平台内容或支付更少的会员费用呢？平台如果足够重视个人数据资产的价值也明白高活跃用户流失的风险成本，那是否应该基于用户“支付”数据的情况，出台“阶梯式”的会员体系或付费体系呢？

此外，我们在越来越多的产业案例中看到，采购方公司与外部服务商签订协议，让其提供数据分析服务，但采购方公司却不用支付金钱货币，只需要允许这些外部服务商将自己公司的这部分数据用在其他可能会产生价值的地方，这将会形成未来数据生态产业的基础。

2. 企业的数据税收

畅销书《大数据时代》的作者维克托·迈尔-舍恩伯格在其新作《数据资本时代》中就描绘过企业用数据进行缴税的愿景。他提到，汽车制造商可以考虑提供汽车上的传感器数据，这样政府就可以利用这些数据来识别交通中特别危险的地方，从而改善交通安全；网约车的运营商可以考虑提供匿名后的司乘录音和行驶数据，这样政府就可以识别公共交通中的潜在人为威胁，从而增强公众安全。同样地，政府也可以考虑让这些企业以有效的数据而不是金钱货币来支付（或抵押）部分税款，这样既可以激励企业提供有效的数据，使市场上的数据要素充分流通并发挥其最大的价值，又能促使企业更高效、全面地加大对数据要素生产与治理的投入，改善其产品及服务，并更有效地共享以形成良性闭环。

由于数据资产可复制的特性，政府在收到这些“数据税”并进行必要的脱敏与安全管控后，可以将它们“再次分配”或促使其参与有效的市场化配置。这样，有需要的企业就可以基于这些数据创造相应的价值。这种做法不仅促使原先提供数据的企业有更大的创新动力，也给各数据需求方提供了必要的支持，它们因为这些数据获得的经济收益也会体现在税收中——无论金钱货币税收，还是更多的数据税收——这样既可以让整个社会获得大量有用的数据，又可以刺激经济增长。虽然对于掌握海量数据资源的企业来说，此愿景非常美好，但同时也对企业驾驭数据的技术能力及数据运营的效率提出了更高的要求。

或许有人会说，企业允许他人使用自己的数据会降低其数字竞争优势。对此，笔者认为，一方面，与传统的金钱货币税收不同的是，数据具有可复制性，允许他人使用自己的数据并不影响自己的使用；另一方面，企业的竞争优势不应当仅是拥有数据这样的硬实力，还包括对数据进行采集、处理、分析及运营的软实力。

从总体上看，这样做一方面会指数级地提高以数据为基础的市场的配置效率、交易效率及市场活力，另一方面会使企业认识到数字竞争优势不只是对数据的垄断，更应是不断提升的数据战略的高度和数据处理管控的能力。

3. 数据支付的挑战

以上，我们从发展和乐观的角度去研究了这一问题，但任何事情都有多面性。在某些情况下，例如经济危机时，金融货币可以被不停地印出来，以保证流动性，而在成熟的数字社会中数据的产生有其“自然”的特性——特别是关于用户行为的个人数据，或记录城市行为的物联网数据——无法被凭空捏造出来。当“数据危机”产生时，例如自然灾害或战争导致网络崩溃、网络病毒导致终端瘫痪等，政企组织除了等待数字化用户行为或数字化城市运转等“数字活力”恢复，可能并无他法。

这意味着当局势发展到某一阶段时，当企业认为数据在市场竞争中比金融货币更有价值时，企业以数据来支付或缴税就会有很大的风险，因为这可能会削弱其在市场中的整体竞争优势。而为了避免这种情况的发生，企业可能会选择用货币税来代替数据税，甚至在“数据资产负债表”或“数据流表”上造假，从而“偷税漏税”。如果政府进一步紧逼，还可能出现抱着“玉石俱焚”心态的企业将数据运营的范围彻底缩小，只保存对他们的运营和商业模式至关重要且无法共享的“商业秘密级别的数据”的情况，这显然会扼杀整个行业数字化的创新发展。当然也有观点认为，这才是数据行业日益成熟的标志，是权力与金钱（或数据）重新组合再平衡的必然发展趋势。由于缺乏实践，未来到底如何是一个我们当前无法回答的问题。

但无论认可哪种观点或采取何种行动，可以肯定的是如果未来将“数据支付”与“数据资本”结合起来，市场将会变得非常有趣。

6.3 数据资本化

可投资性是资产的重要特性之一，当一个组织有足够多的、富含价值的数据资产后，数据金融化会极大地促进数据资本的形成。数据资本的投入能够直接给企业带来数据资源，但更重要的是，以数据资本为纽带，企业能进入一个更大的数据生态中，从而获得比没有获得数据资本的企业更快、更高的成长。

6.3.1 金融资本的衰落

1．金融资本的功能

资本通常有两个显著的功能，一是价值功能，二是信息功能。在市场中，金融资本的价值功能是关键，因为它是生产要素，具备可投资性，可以有效地参与资源配置。同时，资本也可以传递信息，它向外部表明某个主体拥有某项资产，可以用来交换其他生产要素，这意味着选择自由和相对权利。在投资市场中，更多的时候接收外部投资的信息可能比资本流入本身更有价值。例如，某个初创企业可能会获得某种金融投资的消息一旦传入市场，就可能提前使其市值大幅提升，从而获得更多其他投资者的青睐，即使金融资本还未注入这家企业。

2．衰落的迹象

有时候，一家公司可能真的需要金融资本的流入来缓解其经营的困局。这家公司需要做的可能只是向市场发出一个信号，来提升市场对其的信任和信心。在数字时代，这种信任和信心并非只有金融资本可以给予，来自社交媒体或者某个意见领袖的支持也会有同样的效果。在这种情况下，金融资本就失去了一部分的信息价值。

当前，金融资本非常充足，世界各国不断进行“金融放水”，资本投资交易量已达到了自 2000 年互联网泡沫以来的最高水平。当公司资金充裕，市场上的资本又充足时，资本的供应就会超过需求，再加上人们不再需要用金融资本来传递信息，而需要数据资产来实现高效的数字化经营，这可能就是金融资本衰落和数据资本崛起的开始。

6.3.2 数据资本的崛起

1．数据资本的功能

数据资本除了有金融资本的价值功能与信息功能，还有独特的生态功能。

在未来的数字经济中，很多初创企业除了需要货币资本，也需要数据资本的“融资”。吴军博士在《智能时代》中提到，在未来的企业投资中，投资方如果给出每月100万元的金融货币和每月100GB高价值的数据资产，融资方或许不会只是选择融资货币。

数据是客观世界的数字反映。数据资本的注入除了可以使企业直接获得所需的数据信息，更重要的是其背后蕴含着一个事实，即这些数据供应者可以赋能该企业某项业务的增长（例如，搜索引擎数据助力车企在营销领域扩展目标客群的画像数据，企业用电数据助力银行在对公贷款领域规避放贷风险等），且这样的赋能是可持续的。这意味着以数据资本为纽带，企业可以进入一个更庞大的数据生态，从而使自身业务获得更好的数据驱动效果，并激发更多的可能性。

当一家致力于本地生活服务的O2O企业想要进军一个新的地级市的市场时，假设它可以获得关于那个新市场中的下游消费者和上游供应商的高价值数据资产，那么这些数据资产可以使这个企业基于已有的商业模式快速地在新的市场中扩张。甚至在进入这种更大的数据生态后，企业可以开发出对消费者更具针对性、对供应商更具话语优势的产品方案。而数据资产的持有方用数据资本进行的投资也会给它们带来资产增值。

2. 崛起的迹象

与纸币不同，数据资本更像黄金，其本身具有价值。数据资本是数据资产金融化发展到高级阶段的必然产物，也是释放数据要素价值的高级形式。当前，拥有巨大互联网流量的科技公司通过股权投资或其他商业形式构建起来的庞大数字生态的本质就是使数据要素在生态圈内充分地共享和流通。这或许是数据资本的早期形态，但可以预见的是数据资本将会促进更广泛和更深层次的数据要素流通与应用。

当然，笔者并不是说数据资本会超越金融资本的价值，只是其重要性会逐步逼近金融资本。社会仍会发展，但金融资本可能不再会永远像现在一样，作为强大的信任与信心的唯一代表。过去人们心目中“资本即权力”的信念仍会保留，但权力的形式也许会从金融资本慢慢过渡到金融资本与数据资本相结合的联合体。随着历史车轮的不断前进，“集金钱与权力于一身”的说法或许会演化为“集金钱、数据与权力于一身”。

6.4 大胆的构想：石油美元、人民币碳与“数据人民币”

没有事物是永恒不变的，唯一不变的只有变化。我们相信已存在近半个世纪的石油美元体系不会成为特例。于是，政治家、经济学家甚至普通民众的下一个问题便是：新的体系是什么？它何时会出现？我们又该如何把握它？我们大胆设想一下，如果数据真的是未来不可或缺的重要资源、基础设施与大宗商品，那么是否有机会以人民币来锚定数据的国际交易，从而效仿石油美元构建新的“数据人民币”体系？这似乎是又一个关乎天时、地利、人和的问题。

6.4.1 石油美元体系

1. 历史背景

20 世纪 70 年代，第四次中东战争导致石油价格大幅上涨，中东地区原来的贸易顺差国转眼成为贸易逆差国，加上频繁发生的石油禁运事件，使高度依赖石油进口的欧美发达国家陷入了石油危机，工厂停摆，失业率上升，交通、生活都陷入困境。在此背景下，美国率先与沙特签署了协议，要求石油交易使用美元计价，并且谋求多余的石油收益来投资美国国债。

一方面，对于处在中东混乱局势中的沙特来说，既可以用石油换来当时的强势货币美元，又可以获得美国的军事保护和武器装备，属于有利之举。久而久之，其他石油输出国组织（OPEC）成员国也纷纷效仿沙特的做法。另一方面，对于美国而言，各石油输出国通过石油赚的美元又回流到了美国，这样既可以平衡贸易逆差，又可以填补财政赤字，还从某种意义上稳定了石油的供应。就这样，石油正式与美元挂钩，石油美元体系建立。

2. 石油美元的优势

这样的体系意味着石油作为能源公共品交易时不得不以美元计价，这一方面使美元在全球范围内被广泛使用，另一方面使得美国能够有效地控制部分世界原油市场。既然石油交易以美元计价，而这个世界上只有美国才能发行美元，那么美国就可以通过国内的货币政策影响甚至操纵国际油价，美国国内的利率调整和汇率政策都会直接影响国际油价。

此外，更为重要的是，当美元信用受冲击甚至美元走弱时，如果美国政府大力实施货币扩张和财政扩张政策，就会给市场注入大量的流动性。由于这些流动性并非建立在真实的储蓄之上，通常会使债券、股票和期货市场的流动性大增，大宗期货市场的价格也会持续上涨。那么以美元计价的原油价格会高企，于是再次带动其他大宗商品（例如金、银、铜、铁等）的价格上涨，美元走弱的趋势相对而言会被消化。由此，美元搭上原油这个“大宗商品之王”，就获得了极其强大的抗波动性。

其实，不仅是石油，当今世界上大多数大宗商品的交易仍用美元计价，美国国内的货币政策就会直接影响世界各国的农业、工业、贸易，甚至是民生领域，例如典型的输入性通胀问题。不得不说这一步棋下得十分精彩。

若从数据的视角看待这一问题还会发现，当全球范围内重要的商品都以某一国的货币进行交易时，如果数字基础设施与数据流构建得当，那这个国家势必会掌握海量且高价值的交易数据。这些数据不仅可以用来了解全球经济动态与贸易态势，如果辅以政治或金融工具（如间接的货币政策、直接的经济制裁等），还能对他国的整体经济进行干涉与操控，最终对社会稳定造成冲击。

6.4.2 人民币碳体系

在探讨“数据人民币”体系的可能性之前，先来看看另一个承载着人民币国际化重任的推手——人民币碳交易，它或许可以给“数据人民币”体系的建立提供些许借鉴。

1. 历史背景

2015 年 12 月 12 日，联合国在法国巴黎召开联合国气候峰会，并通过了一项新的气候协议，期望能共同遏制全球变暖的趋势，这就是《巴黎协定》。按照《巴黎协定》对气候变化的推测，只有全球尽快实现温室气体排放量达到峰值，并在21世纪下半叶实现温室气体净零排放，才能降低气候变化给地球带来的生态风险及给人类带来的生存危机。

2020年9月，国家主席习近平在第七十五届联合国大会一般性辩论上发表重要讲话，指出要加快形成绿色发展方式和生活方式，建设生态文明和美丽地球，中国将提高国家自主贡献力度，采取更加有力的政策和措施，二氧化碳排放力争于2030年前达到峰值，努力争取2060年前实现碳中和。

从可持续发展的角度来说，碳达峰与碳中和目标的实现过程会推动传统产业的升级改造和产业结构优化，特别是对高排放的能源及工业领域而言，其发展方式如果不进行深刻变革则会面临被挤出局的危机。这有助于我国推动高新技术和绿色产业的发展。

从国际金融博弈的角度来说，这提供了人民币进一步国际化的良好契机。2021年9月，新华社发表文章《战略收缩 进退失据——美国在中东地区影响力的变化》明确指出，美国在中东的影响力不断下降。而美国在中东的影响力又恰恰是石油美元体系的重要支柱之一。这些年来，美联储无限量化宽松的货币政策，使得美元的信用早已今非昔比，全球货币市场的话语权正在发生变化，并寻求某种新的历史选择。近年来，中俄签订能源大单常使用欧元结算或许就是这种变化之一。

2. 碳排放权交易

所谓碳排放权交易，源于20世纪90年代经济学家提出的排污权交易概念。排污权交易是市场经济中国家层面重要的环境经济政策，美国国家环保局首先将其运用于大气污染和河流污染的治理。排污权交易的一般做法是：政府机构评估出一定区域内满足环境容量的污染物最大排放量，并将其分成若干排放份额，每个份额为一份排污权。政府在排污权一级市场上，采取招标、拍卖等方式将排污权有偿出让给排污者，排污者购买到排污权后，可在二级市场上进行排污权买入或卖出。

因此，我们可以认为，碳排放权是具有价值的资产，可以作为商品在市场上进行交易。减排困难的企业可以向减排容易的企业购买碳排放权，后者替前者完成减排任务，同时也获得收益。这就是碳排放权交易的基本原理。

比如某个用能单位每年的碳排放限额为 10000 吨，如果这个单位通过技术改造、减少污染排放，将每年的碳排放量降为 8000 吨，那么多余的 2000 吨就可以通过市场交易出售。而其他用能单位因为扩大生产的需要，原定的碳排放限额不够用，也可以通过交易购买碳排放量。这样，整个大区域的碳排放总量就控制住了，还能鼓励企业提高技术、节能减排。

1997 年，全球 100 多个国家和地区的代表为解决全球变暖问题签订了《京都议定书》，该议定书规定了发达国家的减排义务，同时提出了三个灵活的减排机制，碳排放权交易是其中之一。2005 年，随着《京都议定书》的正式生效，碳排放权成为国际商品，越来越多的投资银行、对冲基金、私募基金及证券公司等金融机构参与交易。基于碳排放权交易的远期产品、期货产品、掉期产品及期权产品不断涌现，国际碳排放权交易进入高速发展阶段。

按照《京都议定书》的规定，协议国家承诺在一定时期内实现一定的碳排放减排目标，各国再将自己的减排目标分配给国内不同的企业。当某国不能按期实现减排目标时，可以从拥有超额配额或排放许可证的国家购买一定数量的配额或排放许可证，以完成自己的减排目标。同样地，在一国内部，不能按期实现减排目标的企业也可以从拥有超额配额或排放许可证的企业那里购买一定数量的配额或排放许可证，以完成自己的减排目标。碳排放权交易市场由此而形成。

3．人民币碳信用交易的契机

2021 年 7 月 16 日，全国碳排放权交易正式开市。这个原本看似平常的星期五，未来或许会因为这个并不为人所熟知的市场悄然开市而被铭记，又或许多年后大多数人才会明白这一天的重要意义。

全国碳市场首批纳入的两千多家电力行业企业，其碳排放量超过 40 亿吨二氧化碳，这是全球第二大碳交易市场欧盟碳市场的 2 倍以上，我国一跃成为全球碳排放量规模最大的碳市场。未来，随着建材、有色、钢铁、石化、化工、造纸、航空等高排放行业陆续被纳入，我国碳市场体量超越全球其他碳市场的总和也许只是时间问题，这样一个体量的碳市场注定不凡且具备颠覆的力量。如果我们可以建立起世界上最大的碳市场体系，并主导实现国际碳交易采用人民币结算，这或许将成为人民币国际化道路上最重要的推手之一。

面对百年未有之大变局，我们又一次站在了历史的十字路口。可以说全国碳交易市场的上线，不仅是为了借助经济杠杆、利用市场机制全面加速我国 2030 年碳达峰与 2060 年碳中和的进度，使我国加速从科技大国迈向科技强国、建立健全绿色低碳循环发展的经济体系，而且从某种意义上说更是承载着人民币国际化的历史使命。如同石油美元体系，未来依托碳交易市场可以构建起“人民币碳”体系。

6.4.3 数据人民币体系

1. 历史背景

如果说石油是工业时代的大宗商品之首，或许我们有理由相信，数据这个从古至今伴随着人类社会发展的事物，在我们从信息时代发展到智能时代的过程中，在我们逐渐步入智能社会和元宇宙的过程中，会成为未来的全球“大宗商品之王”。那么，要构建数据人民币体系，我们的天时、地利与人和在哪？

从新冠疫情的冲击与美军从阿富汗的匆忙撤离，到无限量化的货币宽松政策，再到不如预期的美国国内经济增长，这些因素共同导致美国的国际话语权受到越来越大的挑战，这对于我们来说或许就是“天时”。

我国幅员辽阔、生态多样，是人口大国、制造大国，同样也是数据大国。随着全面信息化、数字化进程的推进，我国的数据体量、数据的多样性与数据产生的速度位居世界前列也只是时间问题，届时将形成拥有几百 ZB 数据存量、每天几百 EB 数据增量、上百万种数据类目的超巨型数据市场。此可谓“地利”。

事在人为。参考石油美元体系形成的过程，我们或许可以从建立促进数据流动的数据交易所、国际数据贸易港开始，同各方一道共同努力建立和完善全球数据交易体系，并推动采用人民币进行结算。各方若能在各个环节上同心协力，此可谓“人和”。

数据人民币体系未来可期。

2. 数据人民币的构想

与石油、碳排放权不同的是，数据包含着关键信息，在某些场合下关乎着国家主权与国家安全。过度保护主义与干预主义的侵扰会使得人们对于可交易数据的规模产生担忧。但由于数据本身的特性，例如可复制性与非排他性，笔者相信在合法合规的前提下，可以生产出对人类社会有价值并能充分参与国际数据贸易活动的数据资产，例如上通天文、下晓地理的数据，关乎人类身体密码与生存环境的数据，有助于治理碳排放、促进碳中和的产业数据，关于月球、火星、太阳等的能帮助人类探索宇宙的数据等。

当然，为实现这一大胆构想，我们需要在实践中磨砺出真知，顺天时与地利而布局，愿吾辈以人和而成势。

CHAPTER 7

07

第7章 数据驱动的“善”与“恶”

哲学上说“人是万物的尺度”，在科技领域或许通用的是“人是技术的尺度”。我们希望数据驱动的方法能够造福人类，但同时也要警惕数据至上给我们带来的新问题。善用数据，避免滥用，杜绝恶用。

本章将从数据驱动的方法及其带来的新问题、数据驱动与科技向善等方面进行探讨。

7.1 数据驱动

数据驱动的方法有较强的普适性和可复制性，有较好的可追溯性，并且受规模效益的增益影响。这意味着越是长期或越是大范围地使用，其优势会越明显。然而，数据驱动的方法也有局限性，例如，其不能完成从0到1的创新任务。我们需要以动态和辩证的眼光去看待数据：数据不只是结果，更是下一轮行动的输入；数据不仅能为我们提供问题的答案，更能驱使我们提出正确的问题。

7.1.1 数据驱动的必要性

数据驱动是指依赖数据体现的事实而不是依赖直觉或者经验来进行决策、运营等活动。数据驱动的必要性主要体现在以下三个方面。

一是避免经验主义的偏差。过往的经验和事实总会反映出个体认知的局限性。我们的经验来自我们所看到的、听到的、经历的事情，并非全貌的、完整的。如果存在个体的记忆偏差或个体的偏见，过去的事实还可能被歪曲。

二是避免成功的“个体依赖”。成功的要素往往是稀缺的。过去成功的经验可能存在“个体依赖”的幸运。相比基于个人成功经验的决策，数据驱动的决策依赖的是组织的技术、流程与数据文化，可以被大规模地使用，过程与目标可以被量化，结果可以被复现，这从一定程度上弥补了成功要素的稀缺性。

三是利用数据的反馈效应进行决策优化。成功的经验往往不可复制。过去在某一个场景中成功的案例，放到新的场景中不一定能达到同样的效果，这个时候过往的成功经验就不能给决策者带来更好的决策支持。在数字时代，很多新的数字化应用场景既没有历史经验，也没有历史数据可循。这种情况下我们可以提出一个假设，基于这个假设利用数字化工具进行实验并收集数据，然后根据所得到的数据去作决策和优化。

7.1.2 数据驱动的局限性

数据驱动的局限性表现在以下三个方面。

一是数据驱动不能完成缺乏数据的任务。虽然我们常说，目前 AI 领域的监督式机器学习任务所解决的是基于数据从 0 到 1 创建智能算法模型的问题，但不可否认的是，其前提是获取相关的数据。显然，没有数据，数据驱动就无从谈起。

二是长期优化和全局优化存在瓶颈。数据驱动“假设—实验—决策—反馈”的循环是基于短期采集的数据，其短期有效的局限性使其在长期优化和全局优化上存在瓶颈。短期业绩的提升显然不是组织实施数据驱动任务的最终目的，而如果在当下就着眼于未来的长期业绩，这样去实施数据驱动任务又可能使得短期业绩停滞不前甚至是下滑，从而导致建设过程缺乏持续向前的动力甚至是半途而废。

三是数据驱动是全局优化下的“次优解”。数据驱动的对象通常是某一领域的数据所能反映的部分功能或业务目标，其以小步快跑、不断迭代的方式来实现。由于目标与目标之间存在联动或是博弈的关系，导致数据驱动过程需要从全局上进行优化，不断去平衡各项目标，甚至是作出一定程度的妥协，从而得到全局“次优解”。

克服这些局限性，需要依赖人对事物的深度认知和对长期目标的理解。虽然数据驱动的局限性是客观存在的，但在实践中，这是绝大多数致力于数字化转型的企业重要且必然的选择。特别是在数字化程度较高的情况下，通过数据驱动来量化、跟踪、提升业务运营能力是数字时代企业增强核心竞争力并保持竞争优势的关键。

总而言之，数据驱动虽然可能终究无法代替组织里关键人才的认知与理解，但它可以成为一种组织的能力，来提升全组织的决策能力，减小整体的试错成本，提高整体的决策正确率。而且数据驱动不仅是某种工具、某种方法，更是一种数据认知文化、一种思维方式，对其要相信但不迷信。

7.1.3　数据驱动的文化

据悉，亚马逊公司的高管在产品会议前都会审阅详细的数据报告，美国第一资本金融公司需要依赖数据驱动的实验报告来决定金融产品是否上线。由于数据驱动需要改变组织原有的决策与沟通方式，因此需要自上而下地推动认同数据驱动的文化。

首先，核心管理层要对数据有共同的价值认知，形成一致的战略思维，然后落实到组织的各个层级与流程上，形成数据驱动的文化氛围。组织可以由此打造不同形式的数据驱动团队，支持战略的落地与组织思维方式的转变。从战略上来说，过去有“技工贸”与“贸工技”之争，而如今数据实质上会产生和作用于组织经营的各个阶段——无论是数据驱动技术研究、数据驱动产品开发，还是数据驱动市场策略——因此无论如何，组织的顶层设计都无法避开对数据价值的共同认知，至于是中心化的还是嵌入式的，则取决于不同组织的架构与文化环境。

其次，数据驱动的文化要求组织以动态的眼光去看待数据。数据不只是一种结果，更是下一轮行动的输入。我们需要把数据驱动看成一个反复问答的过程，而不是一次性的指标驱动，它是组织持续运营的一部分。

最后，数据驱动是一种实证方式，批判性思维是数据文化的一部分。建立“假设—实验—决策—反馈”的循环要求组织具备不断试错、推翻假设、挑战结果的勇气。“从错误中学习”也要求组织整体上具有包容与修正的能力。

大数据不仅能提供问题的答案，更能驱使我们提出正确的问题。数据驱动的文化则需要保护这片土壤，使其孕育出丰硕的果实。

7.2 数据驱动带来的新问题

数据驱动的方法在助力人类社会高效发展的同时，也产生了一些前所未有的问题。

7.2.1 数字泰勒主义

尽管人类已经全面进入数字化时代，数字原生企业和高科技公司有强大的数字技术能力，在管理上却仍沿袭传统的层级管理结构和泰勒时代的“科学管理观”。

自1994年成立以来，亚马逊所做的生意大多都是具有颠覆性的。亚马逊是数字原生企业中的翘楚，拥有最先进的数字化工具、足够大的数据规模、高级的AI算法。然而，从公司组织架构的角度来看，亚马逊仍旧是一个“传统企业”，有传统企业典型的层级组织架构、汇报链条机制和指挥控制结构。杰夫·贝索斯也如同传统企业的首席执行官一样，希望利用更高效的方法来掌控公司的各个方面，而关乎公司各方面的数据信息就是他的工具。

据说在亚马逊物流中心工作的十几万名员工，他们的所有行为都要接受数据化跟踪与评估。在2019年就有外媒报道，亚马逊内部已经构建了一套AI系统，可以追踪每名物流仓储部门员工的工作情况，甚至是统计每名员工的“摸鱼”时间，随后自动生成解雇指令。当时被曝光的文件内容多达几十页，有近900名员工因为被该套系统判定为“工作效率低”而被解雇。

还有一项研究显示，通过分析雇员长期在办公自动化系统中的行为和与其他员工的互动信息就可以较为准确地预测员工的长期表现，甚至是可能的升职表现和离职可能性等。高管们可以利用这些数据在没有直接观察员工表现的情况下，去掌控和管理各层级的员工。这种现象被称为数据时代的“科学管理”方法。

《经济学人》杂志根据美国管理学大师弗里德里克·温斯罗·泰勒的科学管理原则，将这种现象及可能的趋势命名为“数字泰勒主义”（Digital Taylorism）。

谷歌作为一家全球顶级的搜索引擎公司曾因其“不作恶”的企业价值观成为很多 IT 人心中的“白月光”，然而彼时的“不作恶”可能会演变成另一种“不宽容”。据外媒报道，谷歌也会通过一系列数字化监控技术“密切关注”员工，员工的某些看似无害的行为就可能引起公司安全部门的注意。据知情人士透露，当员工在内部网站上浏览有关“失业后健康医疗保险”的信息后，谷歌的安全团队就会将其标记为“正在考虑离职的员工”并调查其是否会有访问或泄露公司敏感信息的可能性。同样地，如果你用内部邮箱起草离职信，或者频繁查看公司组织结构或寻找特定的员工（有可能你正在帮助某个猎头“挖角”），也会面临类似的审查。一些悉知谷歌上述做法的在职和已离职的员工称，谷歌甚至查看“谁在运行加密消息服务的同时，在工作设备上截屏”。

7.2.2 数据与算法歧视

美国科幻片《千钧一发》向我们展示了一个存在“数据歧视”的世界。在这个世界中，人类已经掌握了基因改造技术，孕育新的生命不再需要依靠传统的方法，而是利用科技的力量通过消除胚胎中的“劣性基因”来获得一个更“完美”的物种。

在电影中，人类一出生，其基因或者说生命数据就被科学地定格，未来你能做什么、不能做什么都被打上了科学的烙印。电影的主人公作为一个由传统方式降生的“自然人”，在那个世界里就成为了一个所谓基因不良的人，自出生起就决定了他近视和心脏病的缺陷。由于存在从数据歧视、基因歧视，到人格歧视，主人公自然就被社会打上了“下等人”的标签，别说是想要上太空，连想要找一份平常的工作都十分艰难。并且，由于数据采集技术高度发达，通过毛发、唾液甚至是简单的握手都可以获知对方的基因数据，从而作出武断且具有偏见的判断。

其实，基于数据与算法的歧视近年来在现实世界中已愈演愈烈，它是指在 AI 自动化决策中，由数据分析导致的针对特定群体系统的、可重复的、不公正的对待，表现在价格歧视、性别歧视、种族歧视等方面。

一个典型的表现就是互联网平台对老用户“杀熟”。大数据“杀熟”指利用大数据与智能算法获取用户信息并对用户进行“画像”分析，进而对不同的消费者群体提供差别报价，以达到销售额最大化或吸引新用户等目的的行为。根据2019年北京市消费者协会的调查，有56.92%的被调查者有过被大数据“杀熟”的经历，而认为大数据“杀熟”现象很普遍的被调查者比例高达88.32%。

又如，金融网贷平台避免了金融机构与用户面对面的接触，本应使借贷变得更公平。然而，随着利用大数据技术可以获取用户的个人信息，甚至通过某些不正当的手段就能获取用户的敏感信息、隐私信息，加之根据这些信息用智能算法就可以对用户的借贷限额及借贷利率等实现差别对待，金融网贷平台的歧视行为与线下金融借贷机构几乎别无二致。加州大学伯克利分校的研究人员在选取美国头部借贷机构 Quicken Loans 进行研究后发现，在线下借贷机构受到歧视的群体，在金融网贷平台上的在线申请贷款的利率一般会比普通群体高出5.3个基点，而其在线下借贷机构贷款时同样需要额外支付5.6个附加点。这种利率差别并不是由信用差异导致的，而是由算法歧视造成的。

未来，人类或智能机器很有可能会存在数据歧视、算法歧视，甚至基因歧视。考虑到已普遍存在的大数据“杀熟”和智能算法对用户存在“偏见”的问题，我们确实应当时刻警惕数据驱动社会给我们带来的新问题。

7.2.3 流量至上

在一些行业实践中，企业和组织不断构建和深化数据驱动与算法能力，制定各种方案来抢占用户的时间、注意力和消费力，旨在使商业利益最大化。近年来，这种现象在各类企业和组织中都有出现。各种舆论都在宣扬互联网增长红利消失，接下来就是要盘活所谓的存量，换句话说就是能加入的新人越来越少，企业要增长，就必须从存量上想办法。

为了达到这个目的，方法之一就是给算法“投喂”越来越多的数据，让算法越来越了解你。对于某些滥用数据与算法权力的组织来说，人不再有必要成为“人”，只需要被打造成有效的“流量”。

2022 年 1 月，人民网发表观点文章《人民来论：让大数据算法发挥更多正能量》指出：随着大数据计算不断发展，出现了诱导用户沉迷、输出不良观念、大数据“杀熟”、伪造评价数据等现象，这对社会造成了极大的危害。一段时间以来，一些互联网公司打着“技术中立”的旗号，以个性化定制为名，利用大数据算法对用户进行精准画像、精准推送、精准营销，不仅收获了流量，更获得了巨大的收益。由于缺乏自我监管，一些迎合用户猎奇心理、哗众取宠的不良信息得以传播，一些偏激和错误的观点影响社会稳定、误导公众，一些“杀熟”软件严重侵害消费者的利益。诚然，大数据本身不带有情感和价值取向，但其背后的算法却是价值观的载体。当追求流量、提高黏性、扩大利润成为企业的逻辑后，大数据算法必然误入歧途。

7.3 数据驱动与科技向善

7.3.1 科技向善的愿景

腾讯研究院院长司晓博士曾指出，互联网公司有责任反思科技让用户沉迷的问题。互联网发展 20 多年，在为人类社会带来高效、有趣与便利的同时，也带来了一些前所未有的问题。例如，信息爆炸让人们焦虑不安，网络互动挤占亲密关系的空间，老年人被新技术抛在身后，O2O 繁荣带来过度包装、生态破坏等问题。可以说，当下发生的一切，技术是最大的变量，给个人生活与社会发展带来了各种新景观。这将在 AI 技术爆发后更加显著。

2019 年 5 月 6 日，腾讯董事会主席兼首席执行官马化腾首次在公开场合谈到公司的新愿景和使命：“我们希望‘科技向善’成为未来腾讯愿景与使命的一部分。我们相信，科技能够造福人类；人类应该善用科技，避免滥用，杜绝恶用；科技应该努力去解决自身发展带来的社会问题。”

腾讯的“科技向善”理念或许可以理解为，数字原生企业在互联网高速发展 20 多年后一种为了人类的身心健康和可持续发展而提出的美好愿景。

7.3.2 “后数据驱动时代”的去算法化尝试

事实上，许多互联网公司都开始考虑取消基于数据驱动的算法推荐机制的可能性，并正在做出尝试，俨然有步入“后数据驱动时代”的趋势。

YouTube 客户端和网页端都开始提供“不看推荐”和“清除历史观看数据”的选项，用户可以自由选择切换，儿童频道 YouTube Kids 更是彻底取消了算法推荐，改为纯人工筛选内容。脸书新闻板块在 2019 年开始招聘人工编辑，以应对各国政府对其平台充斥的极端内容的指控。诚然，算法推荐带来的用户数量和收入不可估量，但诸多平台都选择重回时间流或人工推荐的形式，这似乎也有那么一些必然的推力。除了商业模式上独辟蹊径的考量，这或许也是对数据驱动、算法推荐负面效应的一种回应。

这么多年来，数据驱动和算法在各个领域的大规模应用，对提升信息分发效率有着重要的意义。互联网公司尝试进行一些去算法化的探索，并不是在强行逆转技术的发展趋势。在一定程度上，去算法化只是让算法回归本源，更好地服务人类。与此同时，不少互联网公司也在对现有算法进行不断优化以改善用户体验，其根本目的就是要找出一种更具可持续性的发展模式。

一个逐渐发展壮大的组织更需要考虑创造更多的社会价值。我们所期待的愿景应当是关乎全人类的福祉的，而不应局限于社区门口的团购买菜。

国家网信办等四部门联合发布的《互联网信息服务算法推荐管理规定》（以下简称《规定》）于 2022 年 3 月 1 日起正式施行。人民网评论道：由于大数据早已不再是互联网公司的私产，而是涉及用户隐私、关系国家安全、影响社会风气、关乎公平正义的公共财产。如何用好大数据、管好算法，让其服务于社会发展，已经成为当下迫切需要解决的问题。互联网企业应树立正确的算法营销观念。《规定》的初衷并非要将互联网公司的算法技术管死，算法作为个性化服务的重要基础，不仅有利于提高用户体验，也是互联网发展的大势所趋，管好算法的目的是用好算法，让算法更好地为用户、为社会服务。

7.3.3 数据驱动的公平与效率

1. 节点可验证化驱动实现公平

前面我们谈到了基于 NFT 区块链的数据资产金融化的前景，其实这项技术带来的不仅是去中心化的数据，还有更具颠覆性商业意义的节点可验证的数据。节点可验证化意味着任一节点的任何数据信息都可以被公示。而仅此一点，就足以给日常生活和工作带来巨大改变。

举例来说，有一个房产中介 A 带客户看了十次房子，在价格也几乎快要谈拢时，被隔壁的中介 B 抢了单，中介 B 提出比中介 A 低 1%的价格，于是客户最终和中介 B 达成交易。显然，这并不利于行业生态的良性循环。这个时候如果有一个链条可以记录你带这个客户看了多少次、谈判得怎么样，然后你的工作成果就可以被确定地验证化、公开化，即便有第三方抢单，你们也有机会从对手变成队友，一起合作促成这一单交易，然后基于链上的数据事实进行分成。这与过去有着根本的不同，即就算合作的最终结果是另外一个中介以更低的价格促成了交易，之前的中介仍能因自己之前的劳动而得到相应的收益。

节点可验证化的数据使得每个工种、每份工作都有可能被细分化、被价值化，特别是在团队协同参与某个大型项目时，每个参与者所完成的任务、所贡献的时间基于数字化基础设施和 NFT 区块链都可以被公正地记录和对待。回到房产中介这个行业，工作可以被细分到谁上传了房子的图片、谁和业主拿了钥匙、谁找到了买家、谁带去看了房、谁谈成了价格、谁去了房产交易中心等，每个任务都有机会被合理地价值化。只要坚持正向的价值循环，其实任何时候对手都有可能变成队友。

2. 组织数字化可提升效率

虽然企业数字化发展了相当长的一段时间，但组织架构似乎并没有发生质的改变。从打工人的角度来说，让员工发扬"主人翁精神"，发挥主观能动性，最终带动企业成长，应该是每个老板的美好愿景。那么，我们是否能构建一个新的游戏规则和一种新的组织架构形式，让每个人都心甘情愿地奋斗呢？

创新企业给予员工股票和期权奖励的行为，其实是一种传统竞争模式下基于物质的激励。相比之下，海尔集团创始人张瑞敏提出的“人单合一”的商业模式从某种意义上可看作实现这种理念的雏形，但碍于数字化基础设施的限制，无法完美地做到可验证。NFT 区块链所具备的数据节点可验证化能力在这个领域的重头应用就是将商业组织线上化。未来，我们或许可以将企业看作一个应用系统，而员工就是这个系统的用户，每个人的工作都可量化、都可验证，这会真正地实现企业组织的线上化、数字化。

完全线上化的组织形式可以让企业的“员工用户”数量瞬间增长并发挥终端用户的主观能动性。如果说，今天高效率的商业社会需要一个高效率的组织架构去适应我们未来更高效率的商业运行，那么基于可验证化的数据节点将商业组织线上化、链上化或许是一个可行的选择。而且，几乎所有行业都可以运用这样的模式来实现雇员和雇主的共赢，最终带来商业效率颠覆性的提升。

7.4 绿色数据：比特与瓦特的平衡

我国在《巴黎协定》中所作的承诺之一是，到 21 世纪中叶，在建成社会主义现代化强国的同时要实现碳达峰和碳中和。要实现碳中和，数字化的手段是必需的，我们应当对数据架构持集约型发展观，基于大数据和 AI 算法实现更好的资源规划、建设、运行、管理、调控，进一步提升效能。通过互联网与电网的“数实共生”，实现算力与电力、比特与瓦特的效益平衡，以达到减排的目标。

7.4.1 碳中和：人类共同的目标

基于《巴黎协定》，以美国、中国和欧盟等为代表的主要经济体开始着手制定减碳、脱碳、封碳甚至负碳的目标及计划，以共同应对气候变化。全球达成共识，共同应对挑战，这已经开创了一个新的时代。虽然时任美国总统特朗普曾宣布退出《巴黎协定》，但在 2021 年 1 月 20 日，拜登总统上任第一天签署的 17 条行政令之一就是美国回归《巴黎协定》。我国也宣布了“双碳”目标：力争2030年前二氧化碳排放达到峰值，努力争取2060年前实现碳中和。从某种意义上讲，这是全球各主要经济体在新赛道上博弈的新参照标准之一，是重构地球环境的新竞赛。

目前，无论是金融机构要求披露的气候风险，还是国家和地方碳交易市场的运行，又或是国际贸易中的碳边境调节税，从这些都可以看到碳中和倒逼的“强数据披露时代”的到来。彼得·德鲁克提出的“无法度量就无法管理”的理念已经印入现代管理者的内心，因此，公开和披露类似“碳足迹”等环境数据是被共同认可的强化治理的重要手段。此时，数据则成为国家兑现承诺与建立机制的基础。

7.4.2 数据与碳排放

数据技术发展的目标之一是用更少的能量去处理更多的数据。因为数据从采集到存储、计算、管理都需要消耗算力，而算力消耗的意味着能源的消耗，能源的消耗就会带来碳排放。

1. 算力与电力

从数据存储的角度来说，可以被记录和采集的数据规模呈指数级增长，其中有在数字经济中新产生的数据，也有基于新兴技术对已存在的事物、行为、环境等进行数字化后的捕捉的信息。

根据国际权威机构Statista的统计和预测，到2035年，全球的数据量将达到2142ZB。届时，我们将不得不生产更多的硬盘，不得不生产能挂载更多硬盘的服务器，不得不建设能容纳更多服务器的数据中心，这也意味着更多的电力消耗、更多的热量散发和更多的碳排放。

从数据计算的角度来说，当我们在单位时间内需要处理的数据量越大时，计算资源的使用率就会越高，处理器的工作频率也会越高，从而耗电量就会上升，散发的热量也更多。从处理器到服务器、从服务器到集群、从集群到机房，最后都会体现为数据中心的整体能耗提高。

据中国信通院的测算，2017年至2020年，我国信息通信领域规模以上的数据中心年耗电量年均增长28%。2021年，全国数据中心耗电量达2166

亿度，约占全国总耗电量的2.6%，是北京全年用电量的1.8倍。全国数据中心的碳排放量达1.35亿吨，约占全国二氧化碳排放量的1.14%。预计到2030年，我国数据中心的耗电量将超过3800亿度，如果不采用可再生能源，碳排放量将超过2亿吨。

2. 大数据的能耗陷阱

从大数据发展至今的情况来看，虽然架构与技术十分多元化，但分布式处理系统仍是当下的主流，而其设计方法依然延续着软件系统经典的"三高"设计，即要同时实现高并发、高性能与高可用。

高并发与高性能的关系通常比较紧密，即在保证系统能并行处理更多的请求的同时，要求程序处理速度快、所占内存少、CPU占用率低。然而，现在的分布式系统大多能实现平滑的横向扩容，服务器的成本多数也在能接受的范围内，导致当下多采用基于集群粗暴扩容的方式来实现高并发与高性能，而非对数据处理的程序在架构及代码层面进行精细的优化。

原来为了追求性价比而生的程序级别的高并发、高性能编程技巧，逐渐被集群级别的"高并发与高性能"指标所替代。而集群的"高可用"更强调数据的冗余备份、数据计算的强实时性、数据应用7×24小时无间断的支持、数据中心的"两地三中心"机制等。

7.4.3 比特与瓦特的平衡

1. 弃电现象的背后

能源领域有一个现象叫"弃风、弃光、弃水"，意思就是受限于某种原因被迫放弃风能、光能和水能，停止相应发电机组的工作或减少其发电量的现象。

这种现象会发生在我国的东北、西北、华北地区，即"三北"地区，那里的风力和光伏发电机组装机量约占全国总量的三分之二。曾有人说，"中国风电，像风一样快"，早在2012年我国便摘得风电装机容量世界第一的桂冠。同期我国太阳能发电装机量也迅猛增长。但我国风电、光电消纳难题却越来越严重，"边建边弃"的怪圈连续多年存在。严重超出消纳能力的风电、光电“挤”着上网，给电网的安全稳定运行带来了重重压力。因为从电网的视角来看，发电太多用不掉，如果不弃风弃光就会影响电网的稳定性。

这里的逻辑是，电力传输必须稳定，但是风电、光电的供给不是恒定的，所以在电网中电力输出端必须有稳定的基荷能源（例如火电）作为支撑，于是风电、光电与传统能源上网时会有一定的分配比例。此外，电力的生产与消纳需要平衡，所以生产端须快速响应负载端的变化，但由于风电和光电的供给是间歇性的和不稳定的，无法满足这个要求，所以这两类能源在电网中的比例一般不超过20%。“三北”地区对电力的消纳能力不足，所以当地的电力只能外送，但外送的能力又有限，因此纯粹从技术角度出发，不得不对供给不稳定的风电、光电等进行限制。

当然，要解决风电、光电消纳问题的途径有很多，如建设跨区跨省通道增强送电能力、提升电力系统平衡调节能力、建设储能电站以提升调峰能力、加强新能源技术创新研发、增强新能源发电可控性、扩大新能源市场等。但从科技向善的角度来说，作为互联网及大数据行业的从业人员，我们必须努力思考：互联网企业能做什么，大数据技术又能做什么？

2．科技企业的初步探索

目前，包括谷歌、微软、脸书等在内的全球大型科技企业均已设立了碳中和的目标和承诺，并有详细的减排策略。以谷歌为例，其减排策略中就有“设计高效的数据中心”，通过安装智能温度和照明控制装置、重新设计电源分配规则来减少能源损失。在我国的互联网企业中，腾讯率先启动规划并表态。目前，腾讯财报中的环境、责任和社会管制部分对腾讯的节能措施、二氧化碳和污染物排放及数据中心的能耗效率进行了部分披露。

大型科技企业特别是有云业务的互联网巨头，通常其分布在全国各地的海量数据中心有着巨大的能耗。有数据显示，2018 年腾讯在全国的数据中心的耗电量已经超过了1000 亿千瓦时。为了降低数据中心的能耗，各方已经开始考虑探索使用绿色清洁能源，例如，自建绿色分布式供电站给各大数据中心供电。通过自建分布式光伏能源站，包括同时使用燃气发电、风电、光伏的分布式能源站，可以在很大程度上实现自供电，以满足数据中心的用电需求。2020 年 5 月，腾讯宣布，未来 5 年将投资 5000 亿元布局新基建，其中包括在全国各地新建多个百万台级服务器规模的大型数据中心。其中，位于贵州贵安的腾讯数据中心，就使用了间接蒸发换热与冷水蒸发预冷技术，在90%的时间内都能利用当地优良的气候环境自然散热。

3. 集约型的数据架构设计观

在大数据时代，处理数据本身所带来的巨大能耗真的无法避免吗？“比特”与“瓦特”的关系终究只能是“跷跷板两端”而无法平衡吗？如果奔向碳中和的目标，我们就应当持集约型的数据架构设计观，举例如下。

减少不必要的数据冗余：在安全可控的前提下，尽可能地减少无用的数据冗余，在特定场景下考虑从多副本到少副本的转变，或是在不强求数据读写性能的场景下，用纠删码机制替代过去的完整多副本机制，并考虑数据有效生命周期的管理。

降低总体数据计算的开销：是否所有的计算都必须实时或准实时；考虑是出于业务的实际需求还是只是为了向领导报数；是否可以只长期存储基础的实时指标，对衍生的实时指标采用按需临时自助生成的策略，并“阅后即焚”。

更经济的数据高可用策略：对于数据平台的主备、双活、多中心等高可用策略，我们应当从更经济的角度去看，显然在保证功能完备的情况下，并非所有场景都需要1∶1的高可用模式。如果主中心的数据架构设计有完善的数据对账、回滚、重启及一致性保证等服务等级协议，副中心只需具备临时处理突发情况的负载能力即可。

精细化地管理数据存储：制定数据分级存储机制，对于不同使用频度的“热、温、冷、冻”数据使用不同的压缩比率和存储介质。例如，对于冻数据考虑使用离线磁带存储，对于冷数据考虑采用高压缩率的算法和少副本的方式，对于温数据考虑采用一般压缩率的算法和中副本的方式，对于热数据则考虑采用低压缩率算法和多副本的方式等。配合更精细化的数据生命周期管理制度来提高整体存算资源的利用率，以减少不必要的冗余和浪费。

开发性能更优的数据代码：得益于数据工具和算力的长足进步，我们似乎在开发代码时愈来愈只考虑功能的实现而忽略了性能上的集约。回想在C/C++应用开发年代对内存指针使用的讲究，不得不说现在的代码性能显得“粗糙”。因此，无论是有能力的个人还是组织都应当倡导总结和积累代码开发的最佳实践，抑或在制定大数据相关行业标准时不只考虑功能上的需求，也将集约型数据架构的性能指标一并纳入。

按需使用的弹性云计算：无论是公有云还是私有云场景，都应当充分发挥云计算最大的特点，即按需使用、弹性计算的能力，来最大化地降低总体资源消耗、提高基础设施的利用率。

要实现碳中和革命，数字化的手段是必需的。基于大数据和AI算法可以更好地实现资源的规划、建设、运行、管理、调控，进一步提升效能。从国内一些头部云厂商发展的情况来看，它们的云计算中心都已开始应用大数据和AI技术，通过建立数据中心深度学习模型，构建智能控制系统，来实时监控运行数据，持续进行系统调优并给出维护策略，以实现智能供电、智能散热等智能运维手段。此外，这些云计算中心还引入了更低能耗的数据存储技术与解决方案，以确保数据中心能低能耗、高性能地运行，能更加及时、快速、全面地掌握自身的运营状况，也更加绿色节能。

4. 数据分析助力减碳

腾讯曾与某个国有大型电网企业合作开发了一个数据湖项目。当时这个企业就提出要做“电力行业的运营商”，如同电信运营商一样有输出差异化产品和定价的能力。当时觉得这个目标似乎有些遥远，预期盈利的商业路径与逻辑也并未得到充分的验证。

当前，我国正在推动实现动态电价，只要踏实做好数据工作，例如数据基础设施的建设和必要的统计分析，再配合业已成熟的AI算法，就可以知道何时何地的电力供给会有富余或不足、其具体数量是多少，以及不同的组织对用电量的需求各为多少。在这种情况下就可以有针对性地提供不同定价的“电力产品”，从而在某种程度上提高电能的利用效率，减少“弃电”现象的发生。

5. 计算调度助力减碳

互联网与电网的数实共生，算力与电力、比特与瓦特的效益平衡，有了理论和技术上的可行性。其原理是基于数据的分布式存算分离架构、多地数据副本策略、联邦计算等特性，利用云计算的调度能力进行算法与计算的调度，结合用电峰谷的感知，实现总体经济效益与减排目标的平衡。

通常，以日为周期的批量任务在凌晨启动，而实时计算任务的能耗取决于用户与设备行为的周期性峰值状况。有些场景会发生在中午与晚上，例如内容类的应用；有些场景会发生在早晚高峰，例如交通类的应用；有些场景上午的流量为全天峰值，例如医保类的应用；有些场景则可能全天都较为平缓，例如生产设备类的应用等。

无论在哪种情况下，无论是批量计算还是流计算，大数据计算任务的能耗都会存在波峰和波谷。对于云厂商而言，在我国西北部地区上午到中午阳光和风力充足，某几个小时内风力发电和光伏发电产生大量电能但又无法输送出去的时候——此时理论上电价是负的——可以把计算任务通过网络转移到西北部的数据中心，不仅能实现用电自由，还能通过“用电”来赚钱。在特殊情况下，由于发电或输电设备故障导致电力供应满足不了用电需求，可以将不那么紧急的计算或同步任务转移至其他地区的数据中心来快速降低当前的用电需求。一种更经济的方式是，在一段时间内基于云厂商的调度能力，降低每个区域内所有数据中心的最大功率，从而减少该区域内总体发电装机量的冗余，甚至可以让数据中心结合业务特点针对新能源发电的特性来量身定做一些计算任务，使“削峰填谷”在数据计算层面成为一种新常态。谷歌曾在2020年4月发布消息称，他们在试验中成功实现了“在风力发电和光伏发电的输电能力达到峰值时调度非紧急的计算任务来实现削峰填谷”。

数据中心具有这种将需求侧态势感知与算力调度响应相结合的能力。从某种意义上说，这意味着有可能减少每个区域应对小概率事件的冗余备用电源的数量，减少为了应对小概率的峰值电能传输需求而建造的输电通道的数量，尽可能地避免“弃风弃光”的现象发生。这些都能实现非常可观的减碳量。

动态电价导致动态地计算资源价格，组织为了实现最低的总体拥有成本和碳排放量，又会精细化地制定动态的计算需求，动态的计算需求则又会形成动态的用电需求，最后落地为动态电价。这便是算力与电力的一种“纠缠”，我们要做的就是在这种“纠缠”状态下，达到比特与瓦特的某种平衡。

6. 碳智能计算平台

碳智能计算平台或许就是这样一种创新试点：基于数据中心按需调度非紧急计算任务的灵活性，充分利用风电、光电及其他无碳资源原本在峰值情况下“溢出”的供电能力。

例如，谷歌的碳智能计算平台试点项目就将处理 YouTube 视频和在谷歌翻译中添加新词等任务作为非紧急任务，并将丹麦公司 Tomorrow 所提供的隔天小时级的电网“碳强度”预测信息与同时期运行计算任务所需能耗的内部预测进行匹配，以实现服务器负载与电网上清洁电能峰值时间的关联。虽然当时这个试点仅限于单个数据中心，但也可以在不同的数据中心之间灵活地调配计算任务。碳智能计算平台的目标便是在时间和空间上通过转移负载来最大限度地减少区域级别的碳排放量。

未来，无论是硬件层面的数据中心，还是软件层面的数据平台，在架构设计和功能性能的评估上，很有可能将“碳排放指标”作为硬性指标，从而与目前的“能耗指标”类似，成为企业设计与制造产品时要考虑的市场差异化竞争优势之一。

2021 年 7 月 16 日，我国碳排放权交易正式开市，可以大胆设想：未来碳智能计算平台不仅可以准确计算出企业的碳排放指标，还可以提供通过转移负载来实现碳减排的方案；更进一步地，在实现碳中和目标的前提下将碳排放权与交易挂钩，形成某种意义上的碳期货，从而在实现绿色数据的同时使企业在碳金融赛道上获利。

7.“东数西算”工程

全国人大代表、中国移动董事长杨杰曾指出，算力是继热力、电力之后新的关键生产力，已成为衡量一个国家数字经济发展水平的重要指标。然而，随着整个社会的数字化转型逐步深入，算力需求的缺口却越来越大。近五年，我国的移动通信网络正逐步从 4G 向 5G 升级，这为云计算产业的高速发展提供了支撑。数据存储和传输量更是呈指数级增长。

如果要进一步地扩大数据中心的算力，一个突出的矛盾就是电力。2021 年 5 月，国家发展改革委、中央网信办、工业和信息化部、国家能源局联合印发了《全国一体化大数据中心协同创新体系算力枢纽实施方案》。国家发展改革委在文件出台的发布会上指出，我国数据中心年用电量已占全社会用电量的 2%左右，且数据量仍在快速增长。据 IDC 预计，到 2024 年，数据中心的耗电量将占到全社会耗电量的 5%以上。

数据中心的生命周期普遍为 10 年至 15 年。数据中心一旦开始运转就无法停歇，且需要耗费大量的电能来冷却。因此，数据中心因耗电量大被戏称为“电老虎”，并已成为世界性的问题。耗电量的提升意味着更为艰巨的减碳任务。

于是，2022 年“东数西算”工程正式启动。作为一项国家战略工程，“东数西算”工程将东部地区对数据、算力的需求引导到西部地区完成。

2022 年年初，国家发展改革委、中央网信办、工业和信息化部、国家能源局联合印发文件，同意在京津冀、长三角、粤港澳大湾区、成渝、内蒙古、贵州、甘肃、宁夏 8 地启动建设国家算力枢纽节点，并规划了 10 个国家数据中心集群。这 10 个集群有不同的分工：西部地区的数据中心集群，一般是处理离线加工、离线分析、存储备份等对网络要求不高的业务；东部地区的数据中心集群则负责处理对网络要求较高的业务，如工业互联网、金融证券、应急预警、远程医疗、远程教育等场景的业务。这是一笔以空间换时间的经济账。

对于“东数西算”工程，国家发展改革委也强调，数据中心集群将大幅提升绿色能源的使用比例，就近使用西部地区的绿色能源。同时，集群也会通过技术创新、以大换小、低碳发展等措施，持续提升数据中心的能源使用效率。

CHAPTER 8

08 第 8 章 学会与数据一起生活

人们的日常生活中充斥着数据与算法，其在带来效率和便捷的同时，也带来了诸多问题，我们需要学会与之共存，并在此基础上不断演进，成为某种新的数字个体，做好准备迎接全面的生活数字化。

本章将从与数据和算法共生、避免新的思维定式、成为新的数字个体、元宇宙生活中的数据观等方面进行探讨。

8.1 别让数据和算法决定我们的生活

数据驱动与智能算法在带来效率和便捷的同时，也带来了很多不曾遇到的问题和挑战。在探讨人与机器智能之间的关系时，要认识到本质上我们面对的是“基于数据且被精心设计的高级算法”对我们的时间、精力和掌控力的收割。如果我们不做出改变而任其发展，最终我们会迷失方向和自我。因此，我们要提高对信息的识别和判断能力，戒骄戒躁，尽量掌控自己的人生，别让数据和算法决定我们的生活。

8.1.1 生活被数据和算法所改变

1. 数据驱动算法的崛起

1956 年的达特茅斯会议被广泛认为是 AI 诞生的标志，当时就有人说 10 年内 AI 就可以在国际象棋比赛中打败人类，但实际上用了 40 年，期间还经历了两次“AI 寒冬”（AI 的第一次寒冬出现在 20 世纪 70 年代，原因是技术进展放缓和政府投资干涸；AI 的第二次寒冬出现在 20 世纪 80 年代，原因是 AI 未能达到预期的商业影响），直到 1997 年 IBM 的深蓝出现。

当前，AI 的发展浪潮很大程度上受益于数据、算法和算力的进步。要知道，世界上 90%的数据都是在过去近 3 年内被创造出来的。算法的显著进步得益于机器学习技术的快速发展，比如深度监督学习和强化学习。算力的进步则源于硬件性能的巨大提升。然而，关键之处在于这些进步会产生协同效应，例如，强大的算力可以帮助开发、测试更好的算法，而更多的数据使得算法更有效，还能支撑更高级算法的开发。

2022 年 11 月底，ChatGPT（Chat Generative Pre-trained Transformer）横空出世，在短短 5 天内注册用户数超过 100 万。截至 2023 年 1 月底，ChatGPT 的月活跃用户数已突破 1 亿，其成为史上增长最快的消费者应用。ChatGPT 是基于人工智能的自然语言处理工具，它能够通过理解和学习人类的语言来进行对话，还能根据聊天的上下文进行互动，像人类一样聊天交流，甚至能完成撰写邮件、视频脚本、文案、代码，以及翻译和写论文等的任务。ChatGPT 成功的背后，是一种需要耗费大量算力的、基于大数据训练驱动的算法模型。

2．算法带来的改变

在数字时代，消费互联网和产业互联网连接了世界一半以上的人口，我国的网民数就超过了 8 亿。在不久的未来，工业互联网将连接起世界上超过半数的智能生产设备，从而迈进万物互联的时代。

在这个年代，数据驱动着算法进步并决定着我们看什么内容、读什么书、听什么音乐、收到什么样的新闻，也决定着我们吃什么、玩什么、穿什么、假期去哪旅行及怎么去，还决定着消费者以什么样的价格买什么样的东西、企业以什么样的标准招什么样的人，甚至还能影响选民给谁投票等政治问题。

这种改变带来的影响是，智能算法越来越强，而人们的判别能力却越来越弱，学习能力逐渐丧失，个人独特的价值观可能会随波逐流。每个人都在不知不觉中慢慢地被拖入可能无法逆转的境况。

这并非危言耸听。回想一下，我们每天花了多少时间去看低俗重复的网络内容？有多久没有进行系统性的学习了？有多少次点开全文毫无意义的标题党文章？又有多少次被道听途说的网络观点和断章取义的歪门邪理冲击着三观？

3. 警惕严重的后果

有观点认为，在这个世界正逐步从碳基有机化学生命形式发展到硅基无机智慧生命形式的过程中，人们要寻找的平衡点是两者的并存与共生，而非被取代。然而，就目前的发展趋势来看，这绝不是没有可能的。

现在 AI 的发展阶段还处于 A+I，即人工的（Artificial）智能（Intelligence），处于“泛智能”的起步阶段。现在这个阶段大多数时候还是“有多少智能，就有多少人工”，人类的思维逻辑与数据丰富程度的极限决定了算法智能程度的上限。但或许会有一天，当我们的技术突破了所谓的“科技奇点”，当 AI 演化成超越人类思维极限的超级智能（SuperIntelligence）、纯粹智能（PureIntelligence），当人类的伦理道德和行为理念已无法影响和遏制这种新型智能发展的时候，尤瓦尔·赫拉利先生所描述的无机智慧生命体的时代可能就到来了吧。现在的 GPT 大模型及其应用（如 ChatGPT、AuotGPT 等）已经使某些人又开始担忧了起来。

如果我们不正视自身与智能之间的关系，任由其“野蛮生长”，不警惕个人的判断力、思考力、学习力逐步下降的严重后果，那么人类的发展不可避免地会停滞，届时人类是否会被取代，其选择权或许就不在人类的手里了。

8.1.2 24 小时运行的智能盒子

相信许多人和笔者一样，每天起床睁开眼后的第一件事情就是去拿手机，看看有哪些时事新闻、金融市场如何、有没有新的社会热点、社交软件上有没有好友的新动态等。手机就是一个 24 小时运行的智能盒子（见图 8-1），从使用人脸识别开启手机的那一刻起，我们就开始了与数据和算法打交道的过程。

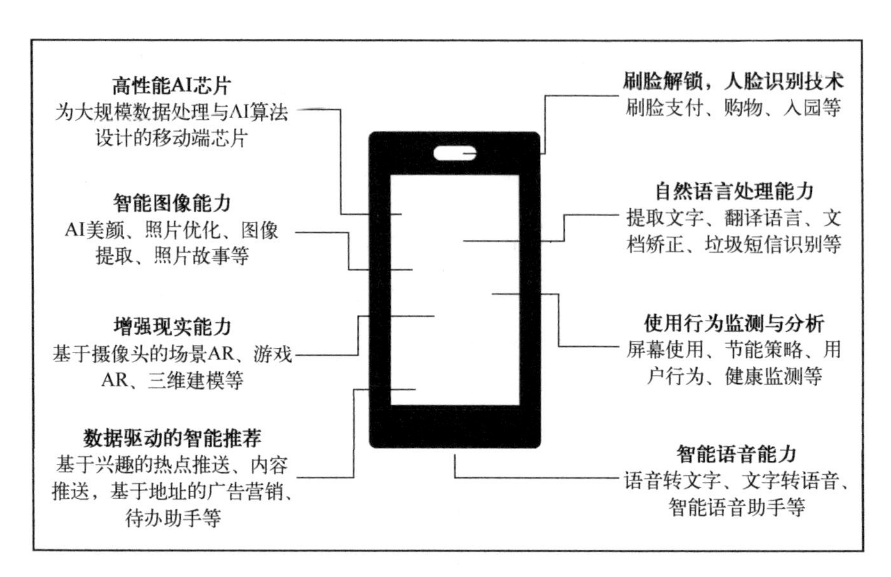

图 8-1　手机：一个智能盒子

1. 智能盒子可能更了解我们

App 的热点推送或是网购推荐，大多是基于智能算法进行画像计算而形成的精准营销及推送策略，我们之所以会看到是因为算法判断我们需要看到。这个过程是独立于我们而存在的。也许我们会说，算法必须基于我个人的基本数据、行为数据乃至地理位置数据才能作出判断，本质上还是围绕着“我”而产生的。算法确实是基于“我”的行为的，但我们要区分的是“围绕着我的行为”和“我能控制自己的行为”。

我们的行为一定是由我们的大脑控制的吗？非理性的情绪是否会干扰大脑作出正确判断呢？外在的行为是否是惰性、感性而非理性的表达呢？人们之所以认为“我”能控制自己是因为沉浸在大脑的运行模式是独立自主的、纯理性的这一虚幻的空中楼阁之中。但生命科学早已给出了答案。

大脑发出的指令是受到各种生物信号的刺激而产生的。生物信号会受到内在情绪、身体状况和外在环境因素的影响。换句话说，人类需求的产生可能并非大脑理性思考的结果，只是对生物信号的响应，进而最终表现在行为上，而未经训练的大脑只是中转站。笔者认为，从某种意义上来说，我们不断地学习成长就是对自己的思维、情绪和行为不断加强控制，努力成为自己大脑的“主人”的过程，而这绝不是一蹴而就的。

举例来说，最近“我”发现自己疏于运动，于是计划今天下班后要去健身，但还没从前一天的加班中缓过来的身体却发出信号来告诫大脑不要过度消耗身体，而此时大脑又基于过去的经验预判得知如果强行去健身，不但中途身体需要发力负重，而且运动之后还会腰酸背痛，因此就反馈“突然有点全身乏力”的感觉好让“我”打消这个念头。因此，健身圈常有人说，良好的运动习惯是以“有能力欺骗大脑”为基础的。

运动完之后，我们明知道要吃得更健康一些，然而由于运动导致血糖降低、体内温度暂时升高，当我们看到高热量、冰饮料的时候就会给大脑发去信号，要求大脑控制我们的行为去摄入高热量的食物，全然不顾这会让我们的健身事业事倍功半。

又比如“剁手”这件事，购物 App 从成千上万的商品中挑出我们中意的那几件放在显眼的位置，如果我们不理睬，还要时不时地给我们推送，赌的就是总会有一刻紧绷的神经会松懈，感性会战胜理性。因此，我们总会买一些其实并不需要的东西。

无论是在加强自律还是在省钱的路上，我们总会感叹，“不是我不够坚定，而是敌人太过强大”。这个时候，与我们作对的“敌人”有了数据和算法的协助，其可怕之处在于机器比“我”更了解“我”。

综上，有时候我们的行为是响应身体所发出的生物信号的结果，而非大脑理性的判断，而智能机器采集的就是生物信号直接转换成的数字行为，所以从某种意义上说，它们确实要比“我”更了解“我”。

2. 智能盒子并非总是客观的

当我们出行时，无论叫车出行还是地图导航，智能算法都可以帮我们瞬间协调好周围空闲的待客车辆，或是帮我们规划好驾驶的路线以避免拥堵的路段。笔者已经忘记上一次用心去记路线是什么时候的事情了，只知道现在驾车时最怕听到“当前道路信号弱，导航可能不及时”。

乘车时，我们也是拿着手机刷视频、看新闻或网购，推送的都是我们很感兴趣的标题但可能是没什么内容的东西。就算我们想放空一下，听听音乐或者听听书，第一时间听到的也是算法精心安排好的歌单或者书单。

或许我们以为推荐的就是适合自己的，没什么不好，那就大错特错了。我们不得不接受的一个事实就是，对于用户而言，科技公司所使用的推荐算法不仅不透明，而且也不是纯粹按照所谓的“个人喜好”而“自动”生成的。赞助商上新、粉丝打榜、搜索的竞价排名等都会扰乱内容的分发，因此所谓智能推荐和分发的背后其实更多的是商业利益。

说得更彻底一些，在这个时代并没有所谓的“具备自我意识的泛在智能”，我们以为要处理的是人和机器智能之间的关系，然而很多时候我们其实要面对的是“代表利益团队而被精心设计的高级算法”对我们的时间、精力和掌控力的收割。帷幕的背后不是图灵机，仍旧是人。

打开手机的电源管理可以发现，耗电量排前十位的那些应用基本上都已具有智能算法能力。不方便听语音要转文字，旅游时要找翻译，肚子饿了要叫外卖，无聊时刷小视频等，这些场景都有对应的应用程序提供服务。就算跳出这些应用程序，我们仍有大概率冷不防接到 AI 语音电话，询问是否要买房、买车、买保险，贷款、还款、信用卡分期等，甚至还能和 AI 客服调侃几句再消耗一点时间和精力，顺便贡献一点语音数据以便优化他们的服务。

数据分析和 AI 已经深入了每个人的生活，只有我们发现不了的 AI，没有发现不了我们的 AI。而智能手机也变成了我们最重要的伴侣，它就是一个充满魔力的盒子，24 小时在线贴身服务，不会抱怨，没有冷战，要的只是一点电力和我们的个人数据而已。

8.1.3 抢占注意力

谷歌 2017 年发表的论文 *Attention Is All You Need* 为注意力机制作了一个算法上的定义，现在这种机制已经被广泛运用在智能算法中。机器学习特别是深度学习任务中的注意力机制，和人类进化而来的天生注意力机制类似，就是在众多信息中把注意力集中放在重要的点上，选出关键信息，而忽略其他不重要的信息。

目前，在自然语言处理、图像识别及语音识别等不同类型的机器学习任务中，注意力机制已被委以重任，且其所需的算力和数据也在不断地进步和积累。例如，在商业领域基于注意力机制的语言模型会提高长文本搜索、智能客服、自动化简历筛选和岗位匹配等模型的自然语言处理能力，会更好地理解人类在自然语境下想要什么、想去哪里、想成为什么，以便更好地与人沟通、推荐营销并把你安排到合适的岗位上去。而其商业目的就是抢占你的时间和注意力。每个人一天的时间只有 24 小时，是有限的，某些品牌的商品侵占的时间越多就意味着其他品牌能展示的时间就越少。某个软件里的智能算法越能抓取人们的时间和眼球，那么留给其他软件的机会就越小，用户的黏性和依赖性就越大。这是一种先“圈养”，再慢慢“变现”的思路。因此，智能软件甚至无须从用户身上获取任何东西，用户的访问本身就是流量，流量可以通过广告和营销变现，然后就有更多的资金去开发更好的智能算法，可以提高用户黏性，让用户沉浸在“只关于我的海洋”里。

为了更大限度地体验这种愉悦，我们会不知不觉地减少学习时间、工作时间、运动时间、睡眠时间，甚至是陪伴亲友爱人、独处的时间。正所谓我们时刻享受着它带来的愉悦，它时刻享受着我们给予的注意。有句伤感的句子是“You just want my attention，not my heart”。实话说，AI 也确实不关心我们心里是怎么想的。

有一个词叫“注意力商人”（Attention Merchant），和卖实物商品的商人不同，他们卖的是注意力：他们给人们提供免费的场所、信息、娱乐等来获得人们的注意力，再把这些注意力卖给别人，即需要做广告的广告主。“注意力商人”在社交平台和搜索平台上的收入主要来自广告主，销售广告是他们的主营业务，或者说销售注意力是他们的主营业务。我们是他们的用户，但我们并不是他们的客户，而可能是他们的“商品”。

为什么会变成这样？因为我们没有付费就获得了场所、信息、娱乐等。天下没有免费的午餐，其实我们付出的是数据，他们免费为我们提供服务，换取他们获得并使用数据的权利。如果我们不同意这样做，那我们就无法使用这些服务，而在数字时代，不使用这些数字应用的生活显然是无法想象的。

因人而异且基于注意力机制的自动推送和推荐系统不仅可以用于商业目的，也可以用于政治目的，例如使用互联网及社交平台并辅以技术手段来影响选举。

8.1.4 负面影响一：人类基本能力的消逝

事物都有两面性，数据与算法给人类生活带来了许多益处，但同时也带来了许多负面影响。笔者认为其中比较突出且需要警惕的几点是：判别力差，缺少辩证思维；思考力差，缺少独立决策；学习力差，缺少耐心专注。

1. 失去判别力

在信息大爆炸的时代，真假信息铺天盖地，不仅重复、冗余、断章取义的内容比比皆是。就算我们主观上想要通过互联网去客观地了解一件事情，但各种信息获取的入口也可能被各大公司把持着，这后面的“知识池”也是精心挑选好的，或者说也是由网络时代的各种参与者所“贡献”的，并不能展现客观全貌。

因此，我们不得不承认的是，我们已经习惯性地忽视了一个事实：互联网上所展现的世界并非客观世界的全貌，更不用提其中是否有出于政治或商业目的的扭曲和筛选。如果连真假都判断不了，又如何判别是非对错呢。于是，在网络时代当判别真相所需要付出的精力和成本越来越高时，人们就倾向于不再去作任何判别，我们就渐渐失去了对互联网上事物的判别能力。

对事物的判别能力及对追求真相信心的缺乏催生出两种风格截然不同的群体。一种群体是所谓的“杠精”，其质疑所有的权威，怒怼所有的道理。另一种群体则是“盲从”互联网世界，任由所谓的意见领袖刷新自己的三观，因为“他们不会骗我，也没有必要骗我”，因此他们是公正的、值得信任的。

这两种行为会反过来影响人格的发展，特别是青少年，他们过早地接受大量不加筛选的信息可能导致人格的发展脱离轨道，也不利于辩证思维和独立思考能力的培养。

2．失去思考力

当我们停止判断之后，数据和算法就开始替我们做选择。当我们逐渐习惯之后，就会出现各种各样的思维问题，例如，自身的独立思考能力、系统性思考能力正在消失，选择困难，独立决策能力变弱，生活目标感变差，自我认同感缺乏等。

当发了一条朋友圈信息之后，我们便急不可待地想知道大家是如何看待和评论的。我们的确需要被认同，无论是来自外界的还是内部的。然而，外界的认同已经逐渐取代了内在的自我认同，"大家说好才是好"，如果大家说不好，甚至是只点赞而不评论，有人都会觉得大概是自己哪里做错了。

要多次转发热点事件，每天时不时地要关心朋友圈里大家的动态，生怕被时代和圈子抛弃。购物、出行、吃饭、旅游都要看评论，如果评论里出现正反两方打得不可开交，我们可能也会觉得很困惑，拿不定主意。

而且，我们很容易被取悦，太多的正向刺激导致生活缺乏目标感。现在的智能算法当然知道我们喜欢什么、不喜欢什么，因此很容易取悦我们，使我们徜徉在美食、美景及美好愿望的信息流海洋里，沉浸在娱乐至上的虚幻国度中，再配以人文主义的思想"跟随自己的心吧"，这终将使我们无法自拔。

在我们用小白鼠做着各种科学实验的同时，我们也已成为数据和算法世界里那只浪漫天真的小白鼠。

3．失去学习力

当我们不再需要独立思考之后，我们也就会在不知不觉中放弃持续学习。系统化的学习如同运动健身一样是需要付出时间与精力的，本来这些就已经被娱乐应用消耗殆尽，更何况这个过程通常是痛苦的。把一切都丢给算法吧！因为它现在就可以让我快乐，而学习不行。

我们的整个生活基调越来越碎片化、快餐化和替代化。数据分析和智能算法已经无孔不入，不仅占有着我们的碎片时间，还开始侵占我们的"正餐"时间。于是我们做事情的效率看似越来越高，却越来越没有营养。

我们妄图在若干个 1 分钟甚至 15 秒的时间内就学到人生的哲理和领悟世界的真相；我们越来越无法忍受长篇大论，凡事寄希望于快速了解事物的大概而非细节；就连娱乐的时候都喜欢在短时间内就看完一部电影的主要概要，好接着去看下一部。消费主义提倡“只换不修”，这导致没人愿意花时间去了解事物的内在结构。潜心钻研、坚韧忍耐的美德似乎已是多此一举。除了互联网上层出不穷的花样，推动实体世界不断创新的动力和能力似乎也在持续减弱。

8.1.5　负面影响二：“信息茧房”效应

数据和算法驱动的信息世界可能会带来另一个负面影响：信息接受面变窄，国外有人称之为“信息茧房”效应，其体现为个人兴趣点在智能推荐和推送系统影响下的“收敛”，其深层次的影响是部分具有偏见的个人的三观逐渐固化，这很可能进一步导致社会不同圈层的撕裂。

相信不少人都有过刷 App 一刷几个小时而忘了时间的经历，原因就在于源源不断的推荐会让人深受吸引而无法自拔。算法推荐最初应用的目的是提升检索效率，降低用户的时间成本，快速匹配用户最需要的内容，但却逐渐演变成为增强用户黏性、延长使用时间的机制保障，这显然偏离了其本意。

引发诸多争议的就是“信息茧房”效应。算法会为了取悦用户，不断推荐其感兴趣的内容，这让用户以自身兴趣为砖瓦筑起一道墙，从此只能沉浸在自己喜爱的、熟悉的、已知的世界里。这就是“信息茧房”效应所描述的状态。

学术界针对这一理论的现实效应还存在不少争议，但可以确认的是，算法基于兴趣的个性化推荐，确实收窄了用户的信息接收范围，并降低了接受差异化信息的可能性。在日渐封闭的信息环境中，用户只看自己想看的，只听自己想听的，并在不断重复和自我验证中强化固有观念，进而相信一些扭曲的故事。要知道，现在还有不少 YouTube 用户坚信地球是平的、人类并不曾登上月球、水可以变成汽油。这就是“信息茧房”效应的“功劳”。

过去，传统媒体的内容生产由不同的编辑、记者、评论员等负责。虽然大方向上体现了一定的统一意志，但大体上仍能够体现出有一定专业背景的内容创造者多样性的辩证思考，最后由总编辑在考虑了各方面因素后——例如社会影响力、价值观导向、道德立场、受众特点等——投放在媒体上。

如今，自媒体可能不会有如此严肃的生产、审核及发布过程，再加上有些平台希望通过不断地“投其所好”来“抢占”个人的注意力，这会加快、加深个体原本就可能带有偏见的世界观、人生观、价值观的形成与筑牢，最终导致原本求同存异的群体加速撕裂。例如，在民主问题上，有人向往个体绝对的自由，有人赞成为集体牺牲；在婚恋市场上，有人支持彩礼，有人视其为糟粕。

总的来说，当不负责任的武断论述和能够煽动情绪的极端言论，碰上个人原有的偏见时，在所谓中立的数据和算法的加持下，这种偏见、对立和仇视会持续加深和固化，毕竟我们每天能接受到的内容都是我们所希望看到的和听到的。发布极端内容是一条获取流量的捷径，而基于“流量至上”的理念，算法往往在无形中为极端内容的传播充当了推手的角色。这或许是目前网上愈演愈烈的男女对立、东西对立、阶级对立等事件发生的“技术性”原因之一。

在实时资讯、短视频领域算法推荐或许有着优越的表现，但在关乎严肃内容的传播上却频频失效。这也是为什么推特、脸书都选择将严肃新闻与社交内容拆分，并投资做独立的订阅资讯平台。算法的基础是海量的用户数据，但是有些严肃内容，比如深度报道、行业洞察等，本身受众面窄，没有办法为机器提供足够的基础数据，自然也无法给出合适的推荐。另外，就像许多文艺类电影常常叫好不叫座一样，当与通俗内容放在同一个算法池中时，优质内容可能很快就被淹没了，从而造成劣币驱逐良币的情况。

美国作家尼古拉斯·卡尔在《浅薄：互联网毒化了我们的大脑》中指出：人们在享受互联网所带来的便利的同时正在牺牲深度阅读和深度思考的能力，“我们对浏览和略读越来越得心应手，但是，我们正在丧失的却是专注能力、沉思能力和反省能力”。有人评论道：过去，人生哲学和生活道理需要人们用自己的生活去经历和体验，这是一个从单纯到复杂、从懵懂到成熟的过程，也是美妙生活的一部分；现在，人们通过自媒体和平台可能在一天内就可以接收到全部的“生活哲理”“生命真理”，且每天都可以不断地体验到原本需要用一辈子去体验的各种“生活　味道”，导致现代社会每个人都过得“很精明”“很市侩”。这多少使得生活在数字社会的人们少了点“人情味”，当人们每天都把生活扒得一丝不挂并不断审视的时候，那可能生活本身就不再是我们所向往的了。

8.1.6　我们该如何应对

我们不只需要修炼内功，也需要借助外力。修炼内功需要从判别力、思考力和学习力三方面入手，并需要常常提醒自己，错过不等于失去。

其实，每个时代都是充满变化的，只是之前我们绝大多数时候受限于自己的行业、领域和生活圈那有限的犄角旮旯里，有着自己的生活节奏。然而，信息时代瞬息万变，人人互联、万物互联，我们不仅有机会去旁观甚至有能力去参与，更能切身体会作为生态一分子的感觉。但福祸相依，与此同时我们的步伐也会完全被打乱。

在信息大爆炸的时代，世界变化的速度超过了我们认知的转变速度，如果我们依旧恪守传统思维，拼命抓取每条信息——如同在课堂上老师讲的每句话我们都被要求做笔记一样——生怕错过了有用的知识，那么我们最终会迷失方向和自我。从某种意义上说，Z世代/α世代一定会比我们在互联网世界里有更好的生存技巧。

我们必须承认，不是每条信息都是有用的、能带给我们知识的，反而大多数是冗余的、无用的、标题党的、断章取义的，甚至是无知的。因此，我们要增强自身对信息的识别和判断能力。戒骄戒躁，我们不用赶上互联网的节奏，用自己的步伐过自己的生活，错过不等于失去，错过也许只意味着我们能节省下更多的时间去提升自我、陪伴家人、陪伴自己。

退一万步讲，就算真的错过什么热点和知识也不用担心，互联网上的东西不是那么容易消失的，这和老师讲课可不一样。

我们或许可以利用行为科学的思想为我们提供更多可以“对抗”数据驱动算法的新思路，可以从多角度提问、多方位思考、系统化学习等三方面入手来修炼自身的内功。

在网上冲浪的时候，面对扑面而来的内容和推送，在事前、事中和事后可以运用最常用的“七问分析法”（5W2H），具体的问题和顺序因人而异。

（1）事前多角度提问，提高判别力。

Who：是谁给我发的内容，要发给谁看（私聊还是群发）？

What：发的是什么标题（内容），我当下正在做什么？

Why：为什么要给我发，我为什么要看？

Where：我现在在哪里，我方不方便看？

When：什么时候给我发的，我现在要看吗？

How：我要怎样才能最快地了解内容，是阅读、搜索还是直接问朋友？

How Much：我看了之后对自己会有多大的影响，我不看的话这个事情我会惦记多久？

（2）事中多方位思考，提升思考力。

Who：这个内容是否只会影响我，还是会影响大众群体？

What：会影响我哪方面的思想，其他人会有什么反应？

Why：为什么会影响我和其他人，我需要进一步了解背景吗？

Where：会受地理因素的影响和限制吗？

When：影响的时间序列如何，例如会在什么时间点对人们具体产生影响，大众的反应会在什么时间点出现？

How：它是如何影响人们的，是否有逻辑链条和因果关系？

How Much：会对人们产生多大的影响，这种影响带来的反应、反馈和反思会有多深远？

（3）事后系统化学习，增强学习力。

Why：我需要进一步学习吗，我知道自己为什么要学吗？

Who：是我自己学还是团队/家庭/组织一起学？

What：学习的目标和内容是什么，学习后准备产出什么？

How：怎么学，自学还是授课？

Where：准备在哪里学，线下还是线上？

When：准备什么时候开始，花多久学？

How Much：准备学习到什么程度，停止学习的标准是什么？

养成良好的判别、思考与学习能力的整个过程如图 8-2 所示，可以总结如下。

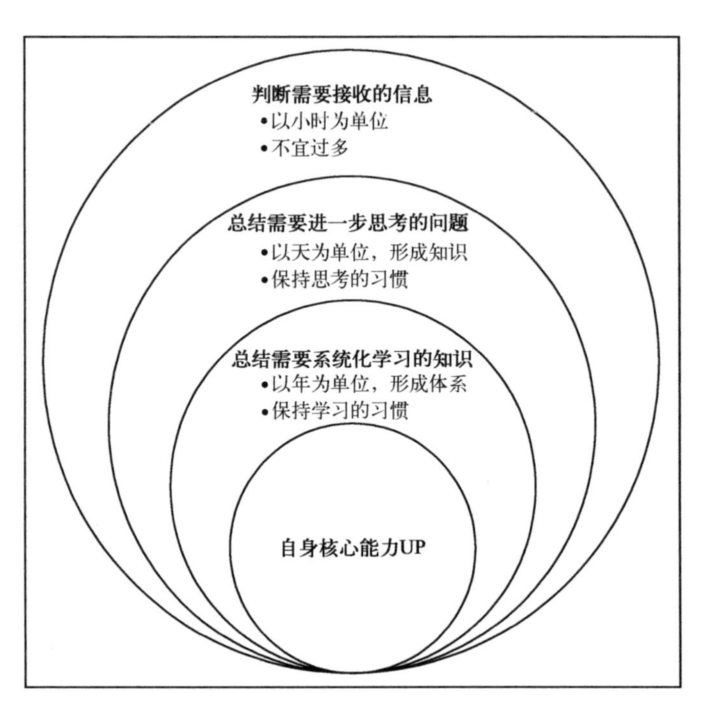

图 8-2　养成良好的判别、思考与学习能力的过程

判断需要接收的信息：可以以小时为单位，从信任的渠道接收信息。判别数据信息的价值高低，避免过多的信息噪声。

总结需要进一步思考的问题：可以以天为单位，总结一天所接收的数据信息，梳理哪些问题是值得进一步思考和学习的，并进行深度思考，养成习惯。

总结需要系统化学习的知识：每日的思考和学习必然会帮助人们沉淀所需的知识，同时也会更清楚地认识到自己在某些领域的不足。为了核心能力的成长，建议以年为单位，为自己设定系统化学习的目标，形成适合自身的学习体系，保持每年不断提升自我的学习习惯。

试想一下，连机器每天都在通过数据进行“机器学习”，而且是大量的、高效的、系统化的学习，其过程包含了设定学习目标、选择学习内容、制定学习计划、执行学习过程、评估学习产出。难道人类还不学吗？

在修炼内功的同时，同样要借助外力，包括以下四点。

将无意义的聊天群设置为免打扰：一般人数超过几十人的群不会有太过重要的信息，重要的信息都是小范围传播的，一天可以发上千条消息的群也非常分散注意力。

减少不必要的通知：可以保留出行类、银行类等推送，筛选新闻类推送，关掉购物类、娱乐类推送，减少“恐错过”的焦虑。

将手机应用归类：将应用按功能归类隐藏一层或二层，将更可信的应用或学习类、知识类应用放在桌面上。

手机设置为勿扰或静音模式：尝试每天将手机关机或设置为勿扰模式一到两个小时，进行全注意力的运动、冥想或阅读等，在忙于重要任务或学习时，也建议将手机暂时设置为静音模式。

总结来说就是，我们的注意力本来就不够用了，一定要用在刀刃上。

8.2 跳出“数据盒子”

当我们习惯于“用数据说话”时，必须清楚地认识到数据技术和智能算法并不是完全客观与中立的，因为每条呈现的数据和每个算法的背后都可能包含着人的立场与决策。

完全“用数据说话”还会使我们局限在已有数据所涉及的有限范围内，这大概率会阻碍个人与组织的“原始创新”，而往往颠覆式的创新要求我们必须跳出这个“数据盒子”。

8.2.1 “用数据说话”并不是中立的

随着人们越来越重视数据及算法应用所发挥的作用，我们或许可以大胆地认为，“用数据说话”将作为实证分析的一种，成为一种主流的论证方式。甚至在英语中或许会把“数据”（Data）与“说话”（Talk）合为一体产生一个新的专有名词Dalk，即“用数据说话”。因为，人们通常觉得数据是中立的、反映客观现实的，认为“数字不会撒谎”。

数据或许是中立的、不会撒谎的，那是因为数据不会真的“说话”，而解读数据的人是否是客观中立的就不得而知了。即使让智能机器来分析数据、解释数据，它也不一定是中立的。因为，从数据的产生开始，在整个数据处理分析的链路中不可避免地会受到人或机器设计思维的影响：采集什么样的数据、进行什么样的计算、展示什么样的结果。数据的处理分析如此，算法的构建更是如此。所谓的“算法中立”不过是理想化的，每个算法设计的背后都包含着人的立场与决策。数据与算法就算是“善意”的，也不能保证不导致任何法律、伦理和社会问题出现。

“价值中立论”会认为，一项技术本身并不具有任何道德价值，只有当人使用它时，才具有价值。约瑟夫·皮特（Joseph Pitt）在他的文章《枪不杀人，杀人的是人》中指出，工具只有被一个有价值的生物所拥有时才有价值，所以这取决于这个人的价值体系。我们行动的结果是具有价值的，但我们使用的工具没有。刀就是刀，是一个中性的物品，它可以被用来切西瓜，也可以被用来捅别人一刀，直到它被人使用的那一刻，它才会有道德价值。这个观点重点关注终端用户。他们的欲望、需求和目标决定了技术的使用方式，而使用方式又决定了技术的价值。“枪不杀人，杀人的是人。”

数据本身是中立的，然而数据技术（包括数据处理及分析、数据驱动的算法等）可能并非如此。

8.2.2 技术是发明者意志的产物

美国哲学家亚伯拉罕·卡普兰（Abraham Kaplan）曾以著名的工具定律指出：“我称它为工具的法则：给一个小男孩一把锤子，他会发现他遇到的一切东西都需要敲打。”反对价值中立论的人认为，人类的价值观已经融入人类设计和建造的一切物体中。从旧石器时代的木棒石器，到如今的手机、计算机，即便枪在无人使用时的确不会对任何事物造成物理伤害，但这也不能掩盖设计该技术的用途及发明者的价值观。

与随机杂乱、物竞天择的进化过程不同，技术是发明者意志的产物，是为了达到某种目的而形成的。它在诞生前就已经被概念化了。每个创造都是为了满足需求、实现目的的，从而成为有用的东西。人类无法理解某项技术并不意味着就能否定发明者在创造这项技术时对其所赋予的意志与价值。

数据技术和智能算法同样如此。每个被机器处理的数据、每个被人们解读的数字、每个基于数据的选择和决策——无论主体是人还是机器——都揭示着其发明者的价值观。

每当我们全部展示，或选择性地展示一些信息时，我们就已经作出了价值判断。例如，在基于数据事实向领导汇报时，我们总会倾向于展示对自己有利的数据，或是从对自己有利的角度去加工和解读数据；又如，让机器基于用户兴趣自动推荐广告或商品时，我们会倾向于将利润更高的广告或商品排在更靠前的位置；再如，让红色的“立即购买”按钮凸显在屏幕的主要位置、用晦涩的语言写下条款和条件、用细小模糊的字取得用户的同意，这些都是基于设计者价值观的决策。但它们仅反映了价值观，并不意味着所有人都会认同或分享这些价值观。

当智能机器自动为人类作出道德选择时，继续讨论技术是否中立就显得毫无意义了，更重要的是我们能否坚持和捍卫自己原本的价值观。

8.2.3 警惕新的思维定式

在数据与算法时代，随着数字化工具及其应用变得越来越常见，我们要警惕落入新的思维定式。现代传播理论的奠基者、加拿大哲学家赫伯特·马歇尔·麦克卢汉（Herbert Marshall McLuhan）曾说：“我们成为我们所看到的东西，我们塑造工具，此后工具又塑造我们。”在心理学上，这体现为功能固着和定势效应。一方面，当人类把某种功能赋予某个物体后，就倾向于认定其既有的用途而不会再去考虑其他方面的作用；另一方面，当人们已经学会用一种方法去解决某个问题时，就将很难意识到其实有更好的方法。当我们太习惯于某事或某物时，就需要更有创造力的头脑才能从其他角度来看待它。

当我们习惯于“用数据说话”时，我们必须清楚地认识到数据技术和智能算法并不是完全客观与中立的。由于技术有框定现实的作用，完全“用数据说话”会使人们局限在拥有的数据所能涉及的有限范围内——比起完整的客观世界，基于个人或组织所掌握的数据所呈现的数字世界总是相对有限的，无论是描述性的数据还是预测性的数据——这大概率会阻碍个人与组织的原始创新，而颠覆式的创新往往要求我们必须跳出传统意义上的“盒子”。

如果过去的盒子是“经验主义”，那么今天的盒子就是“数据主义”。我们不仅要保持初心，避免在数据的海洋和算法的浪潮中迷失，而且比任何时候都更需要创造性的头脑去不断前行与探索。唯有如此，未来世界的发展才会更有活力、更可靠，也更有“人情味”。

8.3 数字个体：一种新的生活方式

未来，在数字空间中会形成具有特性的“数字个体”，他们将作为数字经济的独特主体而存在。他们一方面供应着专业的数据、知识与内容，寻求个体能力的变现，另一方面也要求满足诸多个性化的需求，那在商业世界中按这个逻辑，不难推断未来可能会出现大批服务于这些数字个体的服务提供者“数字个体经纪人”。

8.3.1 自由连接的数字个体

随着数字生产力的进一步解放，会涌现出越来越多需要满足自我实现的创造性个体，这些个体的潜能将得到极大的释放。这些个体可能是某个领域的专家，其专业能力能通过互联网平台在需要的市场上便捷地进行“变现”。经济学著作《世界是平的》的作者、美国经济学家托马斯•弗里德曼曾提到：“如果说全球化 1.0 版本的主要动力是国家，全球化 2.0 版本的主要动力是公司，那么全球化 3.0 版本的独特动力就是个人在全球范围内的合作与竞争”，“全世界的人们马上开始觉醒，意识到他们拥有了前所未有的力量，可以作为一个个人走向全球；他们要与这个地球上其他的个人进行竞争，同时有更多的机会与之进行合作。”

麦肯锡的报告《数字全球化：全球流动的新纪元》提道，2015 年，阿黛尔的新歌 *Hello* 上线仅 48 小时就在 YouTube 上斩获了 5000 万次的点击。她的专辑 *ADELE 25* 在美国一周之内就卖出了 338 万张，比历史上任何其他专辑都多。2012 年，米歇尔•奥巴马（Michelle Obama）穿着一件来自英国网络时尚零售商 ASOS 的衣服的照片被转发了 81.6 万次，在脸书上被分享了 400 多万次，这致使这款衣服很快就被卖断货。全球大约有 4400 万人从 Freelancer.com、Upwork 及其他数字化平台上找到了自由职业；将近 4 亿人在领英上发布了他们的专业简历。富有创造力和驱动力的人能在全球舞台上占据一席之地，这在前数字时代是不可想象的。大量不为人知的歌手因为在 YouTube 中上传视频而为人所知。在 YouTube 中上传视频的德雷克就曾占据 2015 年的排行榜并获得奥斯卡最佳原创歌曲的提名。

现在，最明显的例子就是通过全球化社交媒体走向世界的“网红们”——无论内容创造型，还是知识创造型——他们的社区效应早已从一座城市、一个国家走向了世界，坐拥全球范围内的粉丝群体。他们创造的内容与知识正不断地被来自全球的关注者们“消费”，在彼此竞争的同时，也带来了更多同领域或跨领域的合作机会。例如，医生们在通过社交媒体传播医学知识的同时，也能和世界其他地区的同行们分享与探讨经验；各地的美食家可以分享并学习到全球不同风格的美味，并创造出独特的“融合风味”；社会学家更是可以通过各类平台去大范围地了解世界各地的社会现象与风土人情等。

此外，全面数字化的时代是一个对个人偏好尤为尊重的时代，毕竟商家、厂商都要以个性化的名义来获取丰厚的收入，例如互联网上的个性化广告、消费品里的个性化商品、教育中的个性化课程、制造业宣扬的柔性制造及个性化生产等。刘慈欣的科幻小说《三体》系列就描述了在公元 2211 年从冬眠中醒来的罗辑，发现未来人类日常的衣服除了能根据穿着者的情绪变幻出不同的色彩、图案，还能自动调节尺寸，“最令罗辑心动的是他沿途遇到的人们……他们的衣服也都映出绚美的图案，每个人的风格都不同，有的写实，有的抽象”。我们不难推断，未来富含数据与信息的世界的最终目标不只是追求人类总体的完美，更是追求人类个体价值的实现。

因此，放眼未来，个体需要自由地连接世界，在创造专业知识与内容的同时要求个性化被满足，进而个体就会成为独特主体而崛起，在数字经济的虚拟空间中形成具有特性的数字个体。

8.3.2 数字个体经纪人

数字个体经纪人是实体人类在数实世界的“代理”，其众多的职能应当包括支持及管理个体的创造性数字内容，提供及管理个体连接个体、个体连接平台、个体存于生态的各类渠道，为个体与数字世界的“连接、合作”提供必要的基础设施、个性化信息、流程工具及相关的法律咨询等服务等。

就目前来看，服务于网红经济的多频道网络（Multi-Channel Network，MCN）是此类形态组织的雏形之一。它将个体的数字内容——包括个人生产内容（UGC）和专业生产内容（PGC）——联合起来进行管理，并参与内容的创作，通过不同的渠道进行发布，在资本的保驾护航下，保证内容的持续输出，从而最终实现商业上的稳定变现。当然，现在这样的雏形并不完善，仍处于规模相对较小的“小作坊”阶段，无法覆盖数字个体在数实空间中“连接与合作”的全部范围。例如，缺乏有效的基础设施来对产生的全部数据进行管理与分析，从而造成数据利用率低；缺乏向数字个体提供满足个性化需求的流程工具来显现个体差异，导致形成同质化的服务与创作环境；缺乏打造“新连接”方式与“新合作”渠道的能力，过于依赖现有的大平台的流量，变现模式稍显单一等。

未来的数字个体经纪人或许不都是人，也有可能是智能机器；其服务的对象也不仅是人类个体，也会包括产生数据与内容的数字机器；其服务职能不仅是数字个体相关的管理与发布，也会包括数据与内容方面的交易或共享；其服务过程不仅是对外输出个体，也会注重以个性化的信息来反哺个体；其变现模式不仅是依靠流量变现抽成，也会包括数据资产、基础设施及机器个体的管理维护服务。当然，为了更好地服务个性化，提供个人数据必不可少。成熟的数字个体经纪人有保障数字个体基本权利的义务。例如，个人可以按需决定共享多少个体数据，数字个体经纪人则有必要给出合理的建议来平衡效率与隐私的关系，或者为机器个体设计符合法律规制甚至道德伦理的代码。

以猎头行业举例，作为求职领域面向雇佣两端的“经纪人”，两端的需求在数据平台上最终可以通过规则与算法被量化成数据指标并映射进向量空间，猎头一方面需要向雇员提供个性化的工作信息，另一方面要为雇主提供个性化的市场信息，这两者的匹配由人或者机器完成。未来的数字猎头在多元多变的雇佣市场环境下，还会作为连接雇员与雇员、雇主与雇主的“桥梁”平台，例如，大型项目的团体招聘、自由雇员的临时招聘与雇主推荐等场景。一方面，雇主可以按传统的年费模式或者按招聘成果来付费，另一方面，由于未来的数字猎头还维护着大量相关的数据与智能工具，因此也会出现开放平台资源池，但向雇主方采用按数据及工具的维护量或按推荐效果收费的模式。而对个人雇员而言，虽然不用支付显性的费用，但会在此过程中隐形“支付”个人数据，特别是与履历、收入相关的敏感数据，这对数字猎头来说是十分昂贵且有价值的。在潜在的规模效应、网络效应和反馈效应的加持下，这些也是未来的“数字猎头”最为重要的资产和工作要素。

8.4　元宇宙中的数据观

元宇宙或许是未来人类全新的生活数字化方式，届时会存在一个非数字原生世界和多个数字原生世界，而数据将作为这些不同世界平台间的“通用语言”，通过不断的传输、交汇、融合与计算来连接各个世界。在这个背景下，我们一定会在元宇宙中遇到“数据爆发到无法处理”的挑战，这种挑战的存在或许会实现当初“软件定义世界”的愿景，一方面会指导硬件基础设施的发展，另一方面还会催生出新的生活数据化模式，例如“数据银行”或“数据信托”。

8.4.1　元宇宙：生活数字化

1. 元宇宙

元宇宙（Metaverse）指的是一个既脱胎于现实世界，又与现实世界平行、相互影响，并且始终在线的虚拟世界。2021 年 3 月，作为元宇宙概念第一股的游戏公司 Roblox 在 IPO 招股书中指出“元宇宙正在实现”。之后的半年里，游戏行业迎来了元宇宙热潮。2021 年 10 月 28 日，互联网巨头脸书（Facebook）正式改名为 Meta，其正是来源于“Metaverse”一词，并表示要在未来 5 年内转型成一家元宇宙公司。

元宇宙或许是在 5G 和传感器等技术发展的背景下，对数字空间的再一次拓展，让人们在数字空间里有更加全息、原生的体验，而不仅是物理空间里部分体验的复制。这个概念的出现并非偶然，而是技术已经把我们推到一个实体空间与数字空间可相互切换的时代拐点。数字空间将不再是实体空间的副本，而是平等甚至更加广阔的新领域。

2021 年被称为“元宇宙元年”，而当下投资人也确实需要“元宇宙”，大家普遍认为元宇宙是未来 20 年的下一代互联网。除了微软、谷歌、腾讯、网易等国内外科技巨头纷纷入场，在一级市场，红杉资本、高瓴资本等头部投资机构也展开布局。据财联社报道，2021 年上半年，NFT 类区块链游戏融资额高达 14 亿美元，NFT 区块链游戏 Axie Infinity 的日活跃用户数量高达 25 万。

过去的互联网从简单的人与人之间的连接，发展到人与物、物与物的连接，实现了万物互联。诸如“数字孪生”这样致力于真实世界仿真与推理的系统也孕育而生。而这个“新的互联网”要面对的不仅是数字空间与实体空间的全面连接，还要面对在数字空间中创造的全新的、原生的体验。它不再是实体世界的仿真模拟和复制，而是独立于实体世界而平行存在的，是人类未来的数字化生存方式，是超越人类想象力的新物种，是人类生活的全面数字化。

2．元宇宙的争论

对商业社会而言，大家也在积极打造各自的“元宇宙入口”：从 FB.us 到 Meta Platforms，脸书要做社交界的元宇宙；微软以办公协作作为切入点，把混合现实平台融入微软的视频会议工具，迈出“元宇宙打工人”的第一步；腾讯则认为游戏是实现元宇宙的一个好场景，随即注册了“王者荣耀元宇宙”“QQ 元宇宙”等商标。有人说智能汽车是元宇宙的入口，而元宇宙的实现才能推动终极自动驾驶的落地；有人说 NFT 是元宇宙中经济体系的必要基础设施，是连接现实与元宇宙最重要的桥梁，离开了它，元宇宙只不过是另一场“封闭式大型网络游戏”的盛宴；有人说元宇宙一定是“去中心化”的，世界的建设需要大家共同参与，而不应该掌控在任何人手里。

从美国科幻作家尼尔·史蒂芬森的《雪崩》中描绘的元宇宙开始，对“元宇宙到底是什么”的争论就从未停止。有人说《黑客帝国》中难以分辨的虚拟世界是元宇宙；有人说《盗梦空间》中基于脑机接口进入的精神世界是元宇宙；有人说《头号玩家》中的“绿洲”是元宇宙；有人说《西部世界》中的主题乐园是元宇宙；有人说《三体》作者刘慈欣在其《超新星纪元》一书中所描述的由小孩儿们仅仅为了“好玩儿”而建立起的大型虚拟世界就是元宇宙。

3.“灵境”

值得一提的是，据说早在 1990 年，当时近 80 岁的钱学森先生就已经开始了解“虚拟现实”技术了，在当年 11 月他给中国工程院院士汪成为所写的亲笔书信中就提到“Virtual Reality”技术，并写道，如果要将这个词翻译成中文，可以选“人为景境”，但他个人更喜欢“灵境”这个“中国味更浓”的叫法。

钱学森先生还在 1994 年 10 月的另一封书信中写道，自己颇受汪成为所著的《灵境是人们所追求的一个和谐的人机环境，一个崭新的信息空间》一文的启发，认为灵境技术是继计算机技术革命之后的又一项技术革命，将引发一系列震撼全世界的变革，这一定是人类历史中的大事。他甚至以此为基础，构想了一个较为完整的灵境技术变革关系图，如图 8-3 所示。

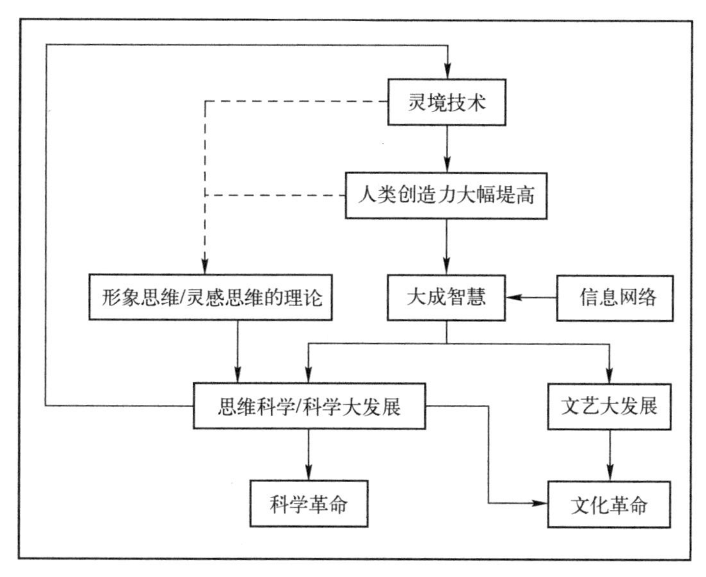

图 8-3　钱学森先生提出的灵境技术变革关系图

图中的实线代表“引发、推动”作用，虚线代表“启示”作用。虽然钱学森先生并没有对这幅关系图进行解释，但我们可以大胆推论：灵境技术可以使人们在数字化空间中尝试更多的可能性，这将推动人类创造力的大幅提高，同时会启发对形象思维、灵感思维的理论研究。信息网络在连接每个个体的同时，也加快了个人成果的传播、复制与应用。信息网络与灵境技术的结合，在点燃原始创新的同时，也会打通集成创新的通路，整个人类社会将获得集成的、创造性的大成智慧。这种智慧与形象思维、灵感思维的理论研究相结合又会推动思维科学与其他相关科学领域的大发展。在这样的背景下，人们改变科学研究的固有思维模式，或许就会突破“科学奇点”并迎来新一轮的科技革命。此外，这种基于虚拟现实技术的、在数字化空间积累形成的创造性大成智慧也会推动文艺领域的发展。科学大发展与文艺大发展的联姻，如同文艺复兴时期一样，将推动出现人类文明史上又一个新的辉煌时期。

钱学森认为，灵境技术的发展会极大地提高人类的创造能力，并基于思维科学，特别是形象思维与灵感思维的科学理论，推动科学与文化的发展，最终引发科学革命与文化革命。而在关系图中我们也清楚地看到，钱学森认为在未来灵境技术成为现实的时代，文化革命并不能离开科学的发展。

4. 元宇宙的本质

元宇宙的概念足够大，大到什么东西都可以往里面装。虚拟现实/增强现实的设备及技术、虚拟游戏与仿真世界、虚拟经济系统及虚拟货币、互联网与新一代高速通信、图像引擎与高性能计算、云计算与大数据、AI与机器人、物联网与数字孪生、区块链与隐私计算、脑机接口与触感设备等技术的提供者都在抢先布局，力争使这些技术成为元宇宙重要的基础设施。

从万物互联到数字孪生，从全真互联网到元宇宙，无论元宇宙最终是什么，笔者认为其中技术的革新是次要的，最为关键的是人类对数字世界认知的飞跃，本质上是人类生活的数字化。元宇宙若实现，定会造就人们全新的数字化生存方式，而这背后则是对数据更上一个层次的全新认知。

8.4.2 元宇宙中的数据挑战

元宇宙不同于网络虚拟空间的重要一点是现实世界与虚拟世界需要交汇，“实体世界”与“数字世界”不断相互作用后界限逐渐模糊，形成真正意义上的“数实共生”，并且人类可以实现自由往来。基于存在主义哲学的观点“存在先于本质”，无论未来我们存在于哪个世界，我们都在存在的过程中，通过选择来创造自己在那个世界中的“人设”。数据作为“数实共生”下不同世界平台之间的“通用语言”，需要不断地传输、交汇、融合与计算，来与未来世界连接。

未来会存在一个非数字原生世界和多个数字原生世界，这些数字原生世界可能是对物理世界的仿真，或者是完全虚拟的全新世界。政府机构和科技巨头会推出各自能掌控的中心化的元宇宙，而跨组织的机构和民间组织或许也会推出各种去中心化的元宇宙。从数据的角度来看，好消息是只要数据仍以 0 和 1 组成，那这些看起来更像是升级而非颠覆，然而坏消息是，我们一定会遇到“数据爆发到无法处理”的挑战。

1．数据处理算力的挑战

数据的爆发会源于对数据的完善。过去，在物理世界中受限于技术瓶颈无法将所有元素和全部行为数字化，但对于本身就运行在数字化平台上的元宇宙而言就不会有这样的问题。我们可以记录所有的数据，无论是个人的还是机器的。举例来说，互联网时代我们只能捕捉用户基于互联网行为产生的数据，比如网购、内容浏览、游戏行为等这些基于“用户手指”所产生的数据，然而穿戴设备可以记录用户的健康和运动数据，但这之间仍有很大的割裂性，且是不完整的。而在终极元宇宙时代，我们可以记录用户在数字世界中全部的行为和状态，比如他的声音、身体的全部活动甚至眼睛的聚焦情况，并在同一个时间轴上将它们串联起来。

试想一下，在某个元宇宙世界中，你路过一个外观奇特的数字建筑物，你非常好奇并想进去一览究竟时却发现，门口的保安向你索要一笔不菲的虚拟货币，而虚拟货币又和你现实世界的信用卡挂钩，考虑再三后你只能放弃并在门口徘徊，向里面张望且表情无奈。这些“信号”都会被元宇宙系统捕获，并突然在你面前跳出一个免费入场券的领取窗口。这样的推荐让你喜出望外，当然，前提可能是需要你向 20 个好友“转发推荐”这个地点。在元宇宙中从这一系列数据的采集、计算、存储，到数据的应用，这背后需要强大的算力支持。

2．数据计算时效的挑战

数据的爆发会源于数据的时效性。以自动驾驶为例，未来会出现全面数字化现实世界的元宇宙，多半会用于政务、军事、交通、气候等领域。在此类元宇宙中，我们会模拟现实世界中真实的道路和复杂的路况来为自动驾驶算法提供必要的数据，并将训练出的算法结果定期推送到智能汽车，智能汽车则在现实世界的道路上执行“基于算法在线推理”的自动驾驶任务。

然而，现实世界的偶然程度比被设计出来的元宇宙更高。智能汽车会遇到道路上的各种突发状况，如果这种状况并没有事先被记录在其算法模型中，那么这个时候它需要在很短的时间内将突发状况数字化后上传到数字孪生的元宇宙中，并模拟出不同选择下的不同结果并选择最优解返回。需要考虑的要素很多，包括交通法规、行驶计划、车辆损耗，甚至是伦理道德、经济赔偿等问题。整个过程必须在毫秒级别内完成，这意味着传输与计算的每一步可能都需要在纳秒级别内完成，意味着届时我们需要提供比现在最快的金融交易系统更强的数据处理能力。我们把这一结论推演到自动驾驶生态中会发现，未来世界的每一秒都可能有成千上万的智能汽车正等待着作出这样的选择。

3．数字生命体带来的数据挑战

数据的爆发会源于智能机器或智能生命，或者叫元宇宙中的数字生命体。通常，人被认为是一种群居动物，陪伴和社交是人生存的必要要素。为了使数字世界更真实、更有交互感，未来的多重元宇宙中定会存在大量的服务于数字业务或数字个人的数字生命体。其展示的形式并不固定，可能是人、动物、动画形象或者机器。但有一点可以肯定的是，系统需要收集其在交互过程中产生的所有数据，以此来进一步提供训练所需的“养分”使其更加智能。

数字生命体与当下的个人智能助理是不同的：首先，它们在单位时间内不只处理单一元宇宙中的事物——前提是多重元宇宙共用统一的智能引擎——还可能会同时与不同元宇宙中的数字人类产生交互；其次，它们在单位时间内收集的数据信息也不再局限于单一的信号，例如语音、文字、图像、手势等，而是这些信息的综合，正如在现实世界中与他人面对面社交时，我们会收到文字、声音、面部表情、肢体动作等一系列信息，并通过大脑进行综合处理后决定我们的下一个反馈行为。因此，数字生命体反馈收集的数据将是复杂、多样和海量的。

4. 多重平行元宇宙下的数据挑战

这还不是全部。或许我们会认为全世界的总人口数量是相对固定的，那么就算所有人都参与到元宇宙活动中，所产生的巨大的笛卡儿积也是有上限的，但我们可能忽略了“平行元宇宙”存在的可能性。

试想一下，某天在某个游戏社交元宇宙中我们发现由于自己的选择错误导致“人社”崩塌了。而这个元宇宙的开发商具有提供所谓“平行元宇宙”的能力，允许用户在当时重新选择，从而生成一个拥有相同环境却是不同时空的新虚拟空间，即“平行元宇宙”。为了保持“原元宇宙”和“新元宇宙”的运行顺畅，用户的数字个人会被模仿用户行为的 AI 所替代：在“原元宇宙”中的数字角色会以 AI 的方式继续生存下去，并持续与他人交互，而在“新元宇宙”中则会生成大量新的 AI 以保证用户交互与数字化生存。如果开发商允许，“多重平行元宇宙”的设定会使数据量呈几何式增长。当然，出于成本和节能的考虑，这项“元宇宙权益”可能需要用户支付昂贵的费用或有次数限制地使用。

8.4.3 数据大爆炸定律

未来，多重元宇宙的存在或许会实现当初“软件定义世界”的愿景。软件的需求一方面会指导硬件基础设施的发展，另一方面还会催生出新的数据运营模式。

对于数字基础设施而言，或许最大的议题是如何在数据爆炸的情况下进一步优化数据处理能力和降低数据存储成本。从英特尔创始人之一戈登·摩尔提出的摩尔定律"集成电路上可以容纳的晶体管数目大约每18个月便会增加一倍"，到英伟达首席执行官黄仁勋提出的黄氏定律"GPU将推动AI性能实现逐年翻倍"，笔者认为，世界加速数字化和元宇宙的出现会产生某个新的描述数据增长的定律，我们姑且称之为"数据大爆炸定律"。

各咨询公司和国际数据公司普遍认为，由于物联网数据和非结构化数据的快速增长，90%的数据是在过去3年内产生的，加之数字世界与元宇宙的出现，笔者认为，数据大爆炸定律可以被保守地描述为：元宇宙时代，全部世界产生的数据量将会每年翻倍。

由此引申的观点可能是，无论在哪个时间点上基于人类现有的基础数据处理技术，我们能够有效处理的数据可能只占总量的20%。这是一个悲观情绪多于乐观情绪的观点。当然，如果我们能在数据处理技术上实现质的颠覆和飞跃，例如生物存储或量子计算的落地，则有可能扭转这一局面。而如今，我们或许需要通过空间换时间或者时间换空间的架构设计及新的数据运营模式来弥补这一短板。

8.4.4 数据银行与数据信托的出现

无论是元宇宙中的数据还是现实宇宙中的数据都需要物理介质进行存储，都需要在现实中消耗能源。为了节省成本，组织倾向于使用压缩比例更高的算法来对数据进行压缩，当然这也会造成数据解压缩时对资源的二次消耗。不同于即时世界中对普通密度数据进行实时处理的方式，在有一定时效性要求的情况下，读取高密度数据或者读取高密度存储介质上的数据往往需要不同的技术手段、不同的算法和额外的算力支持，可能需要启动一个新的进程来对数据进行处理，因此未来海量在线数据的存储将有可能变成元宇宙中一项流行的有偿服务，如同现在的个人云盘或企业的云存储。

当这种需求成为公共需求时，或许在各个元宇宙中会出现"数据银行"这一新的组织形态或服务模式。当人们将个人数据或企业数据交付给数据银行时——它有可能是个人在元宇宙中的某个"高光时刻"、某种数字回忆，也有可能是个人积累的健康数据、运动数据，以便在未来的医疗活动中使用，当然也有可能是组织平时不需要但出于法律或审计业务而不得不在元宇宙中保存的存量数据——数据银行负责对数据进行压缩存储，根据所签订的“数据调用频率协议”来决定压缩的比例和保管的费用，例如，一年读取一次和半年读取一次的保管费率会有所不同。

当然，如果个人或组织允许数据银行将其数据信息，也就是关于个人或组织的高密度价值数据，脱敏后共享给元宇宙中其他的数据需求方，那么可能这个费用不但可以减免，甚至还能拿到数据银行的数据利息（相关的可共享的高价值数据）或货币利息（货币形式的红利）。这样的数据银行通常会使用专业的技术手段和基础设施（比如高性能计算组件与高密度存储服务器）来进行数据的处理。

试想一下，如果元宇宙时代在数据法律规制方面仍强调个人数据的可携带权，甚至是个人数据的可继承权，那就给数字个体经纪人提供了更好的生长土壤，甚至催生出如“数据信托”这样的机构。数字个体经纪人可以帮忙把个人数据或数字偶像的粉丝数据从一个元宇宙迁往另一个元宇宙，数据信托则可以在元宇宙中帮助个人继承原本属于他们数字先辈们的数据资产（可能是可流通的数字货币，也可能是价值连城的数字化藏品）。

Part 3

第三部分

数据技术的未来

未来，当一切都可以被数字化的时候，我们希望数据及其技术带来的是全面的智能与创新。一方面，各类诉求会推动技术的发展，另一方面，技术本身的革新也会带来更多的想象空间。从创新的角度出发，我们或许应该打开视野，从生物信息学、量子计算、区块链等新兴科学技术中寻找数据技术创新的未来。

CHAPTER 9

09 第9章 不断创新的数据技术

科学技术的发展日新月异，数据技术也是如此。用更低的能耗处理更多的数据，并保障整个过程中的数据安全是人们不断追求的目标。本章将从DNA存储、量子计算、隐私计算等方面对数据技术创新进行探讨。

9.1 DNA存储技术

如果要从生物信息学中寻找更高效的数据存储手段，DNA存储技术可能会在未来带来颠覆式的创新。此外，近年来量子计算逐步从实验室走入大众视野，利用量子叠加与量子纠缠的特性可以跨越式地提高机器算力。在量子计算领域，我国与世界一流水平的差距正在快速缩小。

9.1.1 DNA中存储着大量的信息

有人说，生物信息学才是真正研究大数据的学科。从某种意义上说，特别是从生命体本身所存储的海量信息的角度来说，这种说法也有其依据。生物信息学是研究生物信息的采集、处理、存储、传播、分析和解释等各方面的学科，也是随着生命科学和计算机科学的迅猛发展，生命科学和计算机科学相结合而形成的一门新学科。它是当今生命科学的重大前沿领域之一，同时也将是21世纪自然科学的核心领域之一。

如果我们再把视野扩大，是否可以从生物信息学中寻找到更高效的数据存储手段呢？答案是肯定的。我们首先可以想到的就是生命体基于DNA复制的遗传机制。

1895年12月28日，法国摄影师卢米埃尔兄弟在巴黎卡布辛路大咖啡馆的地下室里，用活动电影机放映了世界上的第一部电影《火车进站》（*The*

Arrival of A Train）。这段时长仅为 50 秒左右的短片描绘了秋冬之交的巴黎萧达车站。当看到火车远远驶来，好像要冲破银幕时，观众们都大吃一惊，甚至起身逃离。如今，120 多年过去了，《火车进站》再次开创先河——它在不久前成为世界上第一部被存储于 DNA 中的电影。研究人员使用了一种基于互联网流媒体的新方案，将信息高效地存储进 DNA，这一成果发表在期刊 *Nature* 上。

生命遗传信息存储在 DNA 中，人类也可以将数据信息存储在其中。DNA 的遗传机制相当复杂，对于其中所有的化学过程和物理过程，目前科学界仍没有研究清楚。生命体的形态极其复杂，而用数据主义的话说，就是生命体所包含的信息量极大。有数据表明，1 克 DNA 可以存储的信息量是 215PB，也就是 2.15×10^8GB，而现在一个手机大小的移动硬盘的存储量为 1TB 左右，也就是说 1 克 DNA 的存储量相当于 21.5 万个移动硬盘的存储量之和。全世界所有的信息如果用 DNA 来存储的话，DNA 的体积大概只有 1 个鞋盒大小。

人类存储信息的历史已有几百年，从把信息写在石头、竹简、纸张上，到利用磁带、机械硬盘、固态硬盘来存储数据，再到现在前沿的玻璃硬盘，一块小玻璃能存储 360TB 的信息。即便如此，这些基于电磁技术的设备，它的信息存储密度都远不如 DNA。生物体用它天然的复杂结构存储了超乎想象的数量的信息。即便是人脑，它的存储极限也在 2.5×10^6GB 左右。3000 本书的数据量大约是 1GB，也就是说理论上人脑可以存储 75 亿本书的数据量，但人类迄今为止也就写了约 1.3 亿本书，所以我们所有人都只用了大脑存储量很小的一部分。

那么，既然 DNA 能存储那么多的数据，是不是可以将其做成“硬盘”或者其他某种数据存储介质呢？

9.1.2 二进制信号与 DNA 的结合

我们现在的信息都是 0 和 1 的二进制信号，DNA 存储就是把二进制信号存储在 DNA 的双螺旋结构中。计算机的二进制语言只需要 0 和 1 两个符号即可编码所有的信息。如果说生命的本质也是一种语言，那就是由 A、T、C、G 四种碱基串联而成的 DNA，四种碱基的顺序蕴藏着生命的信息。

早在20世纪80年代末，就有人提出将计算机的二进制语言转换成DNA的四种碱基语言，从而将数据信息存储在 DNA 上，读取信息时只要反向进行 DNA 测序即可。2012 年，哈佛大学遗传学家乔治・丘奇的团队就用碱基 A/C 编码二进制符号的 0，用碱基 G/T 编码二进制符号的 1。

DNA 存储的密度非常高，而且由于 DNA 的生物结构非常稳定，存储的信息可以保存长达 500 年。如果保存得当，在低温、黑暗的环境下，DNA 甚至可以保存几十万年，而基于电磁技术存储的信息一般只能保存 30 年左右。所以，论数据存储的可靠性，DNA 存储要比电磁存储强很多。此外，DNA 存储过程耗能极少，要存储同样数量的信息，DNA 的能耗只相当于闪盘的亿分之一。

由此可见，相比于硅基设备，DNA 简直是数据存储的理想载体。然而，DNA 存储技术要实现商业化应用，还面临着许多挑战：首先，目前人工合成 DNA 的成本太高，无论存储还是读取的过程都需要专业设备；其次，虽然 DNA 可以存储大量的数据，但由于缺乏类似数据库的索引机制，导致读取数据的时间过长，文件检索需要很长的时间；最后，DNA 保存需要低温环境，否则容易发生 DNA 降解，导致数据失真或丢失。

既然人工合成 DNA 的难度较大，那么能不能借用活细菌的 DNA 呢？事实上，在 2017 年，乔治・丘奇的团队就开创性地利用“基因魔剪”技术，将编码信息的 DNA 片段送入活细菌体内。利用这种技术可以精准修改任何 DNA 序列，如将碱基 A 替换成碱基 G，或者删除、插入、替换一段特异的 DNA 序列，就像我们使用 Word 软件编辑文字一样。

我们相信这些技术难题在不远的未来终究会被解决，DNA 数据存储设备“基因硬盘”将随处可见。电磁存储设备主要靠电，而 DNA 存储设备可能主要靠营养液。未来，人们通过读取存放在营养液中某个活细菌身上的一段 DNA 就能追到自己喜欢的电视剧、听到自己偶像的歌曲、看到正在热播的电影，甚至从古至今所有的数据信息将来都能在这一小段 DNA 上被找到。

9.2 进击的量子计算

2020年10月16日，十九届中共中央政治局就量子科技研究和应用前景举行第二十四次集体学习。习近平总书记强调，要充分认识推动量子科技发展的重要性和紧迫性，加强量子科技发展战略谋划和系统布局，把握大趋势，下好先手棋。

近年来，在科技领域引人关注的话题，除了目前大红大紫的GPT系列，量子计算机也是热门话题之一。我国科幻电影《流浪地球2》中的未来计算机"MOSS"就被设计成一台量子体积为8192的量子计算机。2023年2月，一篇题目为*The Quantum Leap*的报道登上了《时代》杂志的2月封面。

量子计算，是基于量子力学原理，通过控制一定数量的量子单元来进行计算的一种新型计算模式。量子计算机是使用量子计算能力来进行计算的系统。

9.2.1 量子力学

量子是现代物理学中的重要概念，被认为是构成无垠宇宙和世界万物的最小、不可分割的物理单位。例如，太阳光由光子组成，而光子所携带的能量无法进一步分割，因此光子也可以被称为量子。此外，电子、中微子和夸克也都属于量子。量子的物理特性与宏观世界的物体非常不同，例如，在宏观世界中把一个玻璃杯放在桌面上，它只可能是"正置""倒置""横置"这三种状态中的一种，而假设我们把量子放到桌面上，它却可以同时保持"正置""倒置""横置"这三种状态。

19世纪末，一众著名的物理学家发现了这些微观粒子特有的物理特性，并发现旧有的经典理论无法解释微观系统，于是他们通过努力将这些特性总结为量子力学。量子力学是研究物质世界微观粒子运动规律的物理学分支，是现代物理学的基础理论之一。量子力学与相对论一起被视为现代物理学的两大基石。

从学术的角度讲，量子至少有三重含义。第一重含义就是普朗克提出的量子论，他认为能量是非连续的，有一个最小的单位，并将其称为量子。第二重含义则是把量子当成一个形容词，形容某些遵循量子力学规律来运行的事物，比如量子计算、量子信息。此外，科学家把一些微观的基本粒子（比如希格斯玻色子等）也叫作量子，这就是量子的第三重含义。

量子力学从根本上改变了人类对微观世界中物质结构及其相互作用的理解。在微观系统中，粒子以奇怪的方式运行，同时处于多个状态，并与其他距离非常远的粒子相互作用，即量子叠加效应与量子纠缠效应。

9.2.2 量子信息技术

人们把基于量子力学原理进行信息化应用的技术统称为量子信息技术，主要包含量子通信、量子计算和量子测量等。量子通信主要研究量子密码、量子隐形传态、远距离量子通信等技术，量子计算主要研究量子计算机和适合于量子计算机的量子算法。

1．量子通信

量子通信是利用量子纠缠效应进行信息传递的新型通信方式。在传统的加密通信中，A 先用密钥将数据明文转化为数据密文，B 接收到密文后，通过使用与 A 相同的密钥，将接收到的数据密文转化成数据明文。在这个过程中，通过光纤和无线电传输的密文是非常容易被获取的。同时，破解密文的核心是密钥，而密钥在一段时间内是固定的，且同时被接收者和发射者所拥有。对于窃密者来说，可以通过大量收集密文来进行运算破译，或通过间谍行为直接盗取密钥。因此，无论多么复杂的密钥，理论上都能被破解。但是量子通信不同，其有两条通信线路：第一条是传统的信息介质，用于传输密文；第二条用于传递纠缠光子，也就是量子密钥，这种密钥是一次性的，仅对当前传输的密文有效。同时，由于量子不可分割、不可复制，及其存在的量子纠缠效应，一旦这条用于传输纠缠光子的线路被窃密者观察或者接收，就会产生量子坍塌，如同薛定谔的猫这一实验，因此窃密者无法复制出一串相同的光子密钥给接收者B。所以，量子通信在现有理论上是无法被破解的。

量子通信最显著的优势是传输的安全性，因此其被广泛地应用在对数据安全要求较高的领域。当前，我国已实现了量子通信在军事、政务、金融、电力、云服务等领域的应用。长期来看，随着量子卫星的升空及量子技术的逐渐成熟，传统互联网或许会被更为安全、高效、稳定的量子互联网所取代。

2. 量子计算

经典计算机以比特（Bit）为单位来编码信息，每个比特可以取值1或0。量子信息的基本单位称为量子位（Qubit），量子计算机是基于量子位（量子比特）来进行存储和计算的，是根据量子物理的两个关键效应（量子叠加和量子纠缠）来进行操作的。

量子叠加是指每个量子位可以处于0态、1态或者叠加态。叠加态是0态和1态的任意线性叠加，既可以是0态又可以是1态，0态和1态各以一定的概率同时存在，比如，80%概率的0态和20%概率的1态，或者30%概率的0态和70%概率的1态等。0态有时被称为基态，因为在量子计算的许多物理实现中，它是能量最低的状态。

量子纠缠是指每个量子位通过测量或与其他物体发生相互作用而呈现出0态或1态。纠缠特性并不存在于目前的经典系统中，并不像“叠加”那样好理解。量子纠缠是粒子在由两个或两个以上粒子组成的系统中相互影响的现象，虽然它们在空间上可能是分开的，甚至相距遥远，但当其中一个粒子被测量或操作而导致状态发生变化时，另一个粒子的状态也随即发生相应的变化。在纠缠状态下，虽然系统局部可能不能被确定地描述，但整个系统是可以被确定地描述的。量子计算机以纠缠态存在的能力是其额外计算能力的重要组成部分，也是量子计算区别于其他经典计算的地方。

量子计算的问题可以分为数据存储和数据计算两方面。

（1）数据存储。量子计算的数据存储主要利用的是量子叠加效应。想象一下，有一个2经典比特存储器，可以存储00、01、10、11这4个二进制数中的任意一个，而 2 量子比特存储器则可以同时存储这 4 种状态的叠加态。再考虑一个 N 经典比特存储器，它只能存储 2^N 个可能的数据中的一个，而如果是量子存储器，由于量子比特可以同时存储 0 和 1，则它可以同时存储 2^N 个数。而且随着 N 的增加，存储数据的能力呈指数级上升，例如，一个 250 量子比特存储器可能存储的数据达 2^{250} 个。谷歌在关于"实现量子优越性"的论文《使用可编程超导处理器的量子优势》中提及了 53 量子比特的量子计算机，这意味着其可以存储 2^{53} 个数据。

（2）数据计算。再来看看量子计算的数据计算，由于数学操作可以同时对存储器中的全部数据进行操作，因此，量子计算机在实施一次运算时可以同时对 2^N 个输入数进行数学运算。其效果相当于经典计算机重复实施 2^N 次操作，或者采用 2^N 个不同的处理器实行并行操作，相当于一台装备了 2^N 个处理器的经典计算机进行运算。因此，量子计算机理论上可以极大地提高运算效率。

3. 量子计算机

科学家和企业家希望把量子计算的特性运用于信息产业中，比如制造量子计算机。

如果将我们当前使用的计算机称为经典计算机（始于 20 世纪 50 年代），几十年来它们一直是这个世界发展的动力。传统的计算机利用电信号传递信息，它会面临一个极限的问题，比如现在的计算机芯片越做越小，但是当芯片小到一定程度时，芯片的热效应问题就会凸显出来，因此我们不可能把芯片做到无限小，这就决定了传统计算机的运算上限。而现在的计算机也无法解决一些需要巨量算力的问题，例如，对于一杯咖啡中的咖啡因分子，它们不能够模拟咖啡因分子并充分了解其详细的结构和性质，而这恰恰是量子计算机有可能解决的挑战。

量子计算机是一种可以实现量子计算的机器，它遵循量子力学规律来实现数学和逻辑运算、处理和存储信息。量子计算机可以利用量子的叠加态来实现并行运算，从而极大地缩短运算时间。比如，我们用传统计算机分解一个 300 位的大数，可能需要 15 万年的时间，而如果使用量子计算机，只需要一秒钟就可以。仅拥有约 50 个量子比特的量子计算机，在完成特定计算任务时，已经比现在算力最强的经典计算机快数千倍甚至数万倍了。

中国信通院于2020年10月发布的《量子云计算发展态势报告》指出，在量子计算的硬件方面，以较为直观的量子比特数来比较，目前谷歌正在研制54量子比特的量子芯片，IBM开发出了53量子比特的量子计算机。我国在2018年成功实现了18个量子比特纠缠，为后续的发展奠定了理论和实践基础。

2019年9月，谷歌宣布研制出53量子比特量子计算机“悬铃木”（Sycamore），其执行一个特定的“随机电路采样问题”计算任务只用了3分20秒。而执行同样的任务，谷歌团队估计即便是使用目前最强的超级计算机（如坐落于美国橡树岭国家实验室的“顶点”超级计算机），在经过理论优化后，完成这项任务也需要2.5天。

2020年12月，中国科技大学潘建伟教授团队在期刊 *Science* 上发表的论文 *Quantum Computational Advantage Using Photons* 显示，由该团队研发的“九章”光量子计算机在200秒内检测出43个光子，而当时世界第三快的超级计算机“神威·太湖之光”完成50个光子的采样需要2天的时间。

2022年6月22日，加拿大创业公司Xanadu发布的可编程光量子计算机Borealis实现了216个压缩态量子比特的容量，在进行高斯玻色子采样（GBS）的计算任务时，其仅使用36微秒便完成了任务，而当今最强的超级计算机完成同样的任务要花费超过9000年的时间。这一项研究发表在当月的期刊 *Nature* 上，充分展示了“量子优势”，这也让加拿大成为继美国（2019年）、中国（2021年）后，第三个宣布“量子优越性”的国家。

当前，随着GPT系列算法模型（如ChatGPT）的问世，大型模型背后的基础算力支撑问题再次受到全球业界和学界的高度关注。可以预见，在数字经济时代，随着各行各业数字化转型的不断深入，加上大型模型参数量和训练效果的进一步提升和更新，目前基于经典计算机的传统算力体系将面临巨大的挑战。例如，目前最新的英伟达GPU“H100”包含约500亿个晶体管，而IBM最新公布的量子芯片Osprey仅拥有433个量子比特。

总而言之，量子计算可以跨越式地提高计算机算力，而我国在量子计算领域正快速缩小与世界一流水平的差距。未来，量子计算定会成为又一种高效的数据处理手段，进而在全面数字化时代被应用到数字世界的各个方面。

4. 量子计算机的应用探索

目前，在量子计算机的应用方面，成熟的应用还未出现，各国还正处于提高量子比特数、解决量子纠错问题和探索应用领域的阶段。

业界一般认为，当前的量子计算机受限于理论和设计，其应用场景是有限的，这是由计算机的理论基础—数学所决定的。数学中的可计算理论和计算机科学中的计算复杂性理论向人们揭示：世界上有众多问题都是无法通过计算来获取答案的，无论使用什么计算工具都一样，量子计算机也不例外。

而从量子计算的特性来看，整数分解问题、离散对数问题、模拟量子系统中的数学问题是量子计算机所擅长的领域。换句话说，如果一个问题是可计算的、非无穷复杂的、有解的，即使用最好的算法也是要耗费巨大的算力和时间的，这可能会是量子计算机最适合的应用领域。例如，在一个国民级 App 后台的海量日志查询场景中，数据分析人员或系统维护人员可能需要从每天新增的万亿条行为日志、系统日志中快速找到相应的数据记录用于实时计算和分析。虽然解题的算法和逻辑很简单，但在没有索引的情况下，这是一个极其耗费算力和时间的“体力活”，好比“大海捞针”，工作量巨大。这或许恰好是量子计算机的用武之地。

虽然量子计算机不是万能的，但它会在金融投资组合优化、物流调度、交通优化、材料和药物研发、气象预测、基于海量数据的机器学习训练等方面有所建树。例如，当前热议的 ChatGPT 等人工智能大模型技术的研发，也可能和量子计算相关。虽然还没有确定性的答案，但量子计算有希望在模型压缩、提升训练速度和模型性能等环节，对大模型的研发和提升起到积极作用。因此，如果量子计算机未来真正能解决这些问题，其对社会的贡献也是巨大的。

此外，产业界还认为，量子云是量子计算机最有可能落地的应用领域之一。从原理上来说，量子云采用量子计算机来补充或代替传统的超级计算机或者 IDC 机房中的服务器，通过云端的算法与配套设施，使量子计算机能够参与云计算，大幅提高云计算的算力。

腾讯研究院的文章《一文读懂：有关量子计算的十个问题》提到，将以量子处理器（QPU）为计算核心的量子计算机，与以 CPU 和 GPU 为计算核心的经典计算机相结合的科研探索，已经在高性能计算领域首先开始。

未来，海量异构数据的分布式计算（包括大规模模型训练）将不仅限于 GPU，还可能在 QPU 上运行。国际上，IBM 量子计算团队已将量子计算机视为下一代高性能计算的核心，而“欧洲高性能计算联合项目”（EUroHPC JU）已开始探索集成量子计算机与超级计算机的实验研究。英伟达最近推出的 QUDA 混合计算平台，可以融合量子计算和高性能计算资源。亚马逊、微软等云计算服务提供商已经看到这个趋势并将量子计算机的能力带到了云端，推出了量子计算云平台服务。CPU、GPU 与 QPU 高性能融合计算的时代似乎正在开启。

9.3 隐私计算技术

数据安全对于个人、组织、政府而言都愈发重要，近年来兴起的隐私计算技术就是一种既能促进数据协同协作，又能保护多方数据权益的技术平衡手段。常见的隐私计算可以分为密码学派和可信硬件派。未来，区块链技术也将是隐私计算的重要补充。

9.3.1 什么是隐私计算

Gartner 在报告《2021 年重要战略科技趋势》中指出，随着全球数据保护法规的成熟，各个地区各个组织的数据管理者所面临的隐私和违规风险超过了以往任何时候。隐私增强计算可以提供不同于常见的静态数据安全控制的方案，还可以在确保安全或隐私的同时保护正在使用的数据。

隐私计算是一种由两个或多个参与方联合计算的技术和系统，参与方在不泄露各自数据的前提下，通过协作对他们的数据进行联合机器学习和联合分析。隐私计算的参与方既可以是同一机构的不同部门，也可以是不同机构。在隐私计算的框架下，参与方的数据不出本地，在保护数据安全的同时实现多源数据的跨域合作，可以破解数据保护与融合应用的难题。

对于个人消费者而言，隐私计算应用有助于保障个人信息安全。个人消费者在享受数字经济便利与发展红利的同时，个人信息也被广泛地采集和应用，同时也面临着信息泄露的风险。而隐私计算在很多场景的应用，可以提升个人信息的保护水平，降低个人信息在应用过程中泄露的风险。

对于企业和机构而言，隐私计算是数据协作过程中履行数据保护义务的关键路径。一方面，企业借助隐私计算能够切实保护采集、存储、分析数据等过程中关键信息、商业秘密的安全，既能保护自身利益，还能履行数据保护的职责。另一方面，隐私计算能够促进企业的跨界数据合作，帮助不同的企业和机构与产业链上下游的主体进行联合分析，打造数据融合应用，同时，在数据协作的过程中促进企业履行数据安全和合规义务，实现生态系统内的数据融合，推动企业自身、产业层面的数据价值最大化。

对政府而言，隐私计算是实现数据价值和社会福利最大化的重要支撑。一方面，借助隐私计算能够保障政府数据在采集、存储、开放和共享交换等过程中的安全与隐私，在保障数据安全的同时增强全社会的数据协作，通过数据的应用使社会福利最大化。另一方面，借助隐私计算推动数据要素赋能产业升级，例如，北京国际大数据交易所上线北京数据交易系统，其提供的基于区块链和隐私计算技术支持的全链条交易服务体系将为市场参与者提供数据清洗、供需撮合、法律咨询、价值评估等一系列专业化服务。

目前常见的隐私计算可以分为密码学派和可信硬件派两大分支（见图 9-1）。密码学派包括了多方安全计算、联邦学习、差分隐私等技术，可信硬件派又包括了可信执行环境、安全沙箱等技术。此外，区块链技术也是隐私计算的重要补充。

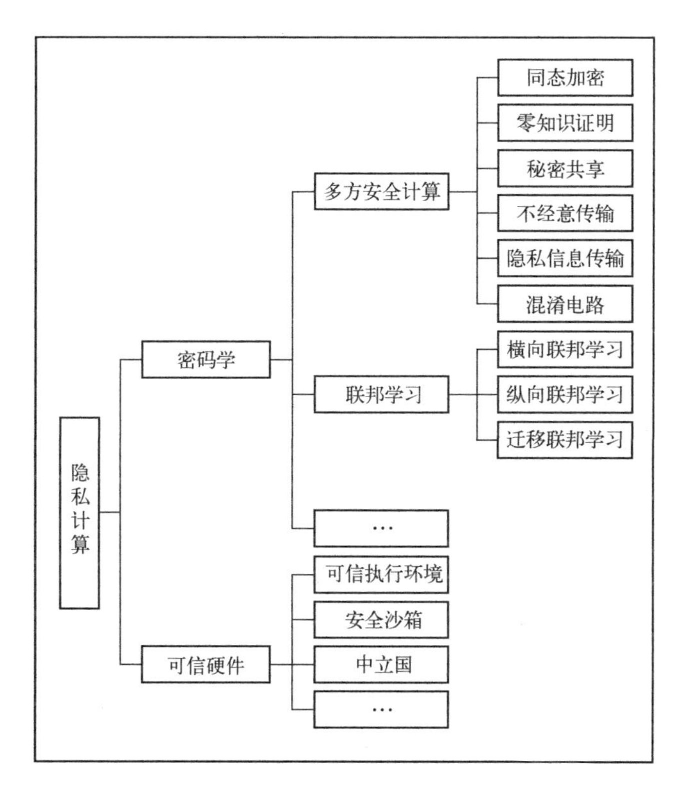

图 9-1　隐私计算的两大分支

9.3.2　多方安全计算

1. 百万富翁问题

1982 年，华裔计算机科学家、图灵奖获得者姚期智教授曾提出“姚氏百万富翁问题”：两个争强好胜的富翁张三和李四在街头相遇，如何在不暴露各自财富的前提下，比较出谁更富有？

通常能想到的做法是找一个可信的第三方，在确保第三方不会泄露信息的情况下，由其来计算两个富翁的财富并公布比较结果。但显然这个“绝对可信”的第三方并不容易找到，无论是人还是机器。此外，找第三方这种做法，从某种意义上说仍旧是透露了个人的信息，并不能完全避免隐私泄露的问题。那么，如何在不借助第三方的情况下，让两个富翁知道他们谁更有钱？为解决这个问题而引申出来的解决办法开创了多方安全计算的先河，其被认为是密码学的分支。

2. 多方计算组件

多方计算（Muti-Party Computation，MPC）能够让数据在不泄露的情况下联合多方数据进行联合计算并得到明文计算结果，最终实现数据所有权和使用权的分离。

“姚氏百万富翁问题”所衍生出的MPC技术是一套基于现代密码学的工具组。这个工具组里有很多组件，它们是实现多方安全计算的基础，包括零知识证明（Zero-Knowledge Proof，ZKP）、同态加密（Homomorphic Encryption，HE）、信息理论消息认证码（Message Authentication Code，MAC）、分布式通信协议、不经意传输（Oblivious Transfer，OT）、秘密共享、秘密分片计算等。

零知识证明

零知识证明是在20世纪80年代初被提出的。它指的是证明者能够在不向验证者提供任何有用信息的情况下，使验证者相信某个论断是正确的。零知识证明实质上是一种涉及两方或更多方的协议，即两方或更多方完成一项任务所需采取的一系列步骤。证明者向验证者证明并使其相信自己知道或拥有某一消息，但证明过程不能向验证者泄漏任何关于被证明消息的信息。

举例来说，张三要向李四证明自己拥有某个房间的钥匙，假设该房间只能用钥匙打开锁，而其他任何方法都打不开。这时有两个方法：一是张三把钥匙出示给李四，李四用这把钥匙打开该房间的锁，从而证明张三拥有该房间的钥匙；二是李四确定该房间内有某一物体，张三用自己拥有的钥匙打开该房间的门，然后把物体拿出来出示给李四，从而证明自己确实拥有该房间的钥匙。第二种方法就属于零知识证明，它的好处是在整个证明的过程中，李四始终不能看到钥匙的样子。

不经意传输

不经意传输是一个密码学协议，在这个协议中消息发送者从一些待发送的消息中发送一条给接收者，但事后对发送了哪一条消息却不知道，这个协议也叫茫然传输协议。

第一种不经意传输最初是在 1981 年由迈克尔 •拉宾（Michael O. Rabin）提出的。在这种不经意传输中，发送者张三发送一条消息给接收者李四，而李四以 50%的概率接收到信息，在结束后张三并不知道李四是否接收到了信息，而李四能确定地知道自己是否收到了信息。

另一种更实用的不经意传输协议被称为二选一不经意传输（1 out 2 Oblivious Transfer），由希蒙 • 埃文（Shimon Even）、奥德 • 戈德赖希（Oded Goldreich）和亚伯拉罕 • 朗佩尔（Abraham Lempel）在 1985 年提出。在其模型中，在预先设置好的前置条件下，张三每次发两条消息给李四，李四提供一个输入，并根据输入获得信息，在协议结束后，李四得到了自己想要的那条信息，而张三并不知道李四最终得到的是哪条。

更进一步地，二选一不经意传输可以被衍生为 N 选一不经意传输。举例来说，张三和李四想要在不暴露各自体重的情况下比较各自的体重是否一样，于是不经意传输可以这样实现：

（1）前置条件是李四事先准备了四个带锁的有孔保险箱，分别在箱子外打上 40kg、45kg、50kg 和 55kg 的标记并上锁，由于李四的体重是 45kg，所以他只保留了标记为 45kg 保险箱的钥匙，把其他钥匙都丢了。

（2）李四把准备好的四个保险箱送到张三面前后离开，由于张三的体重是 50kg，于是他通过箱子上的小孔把一张写有“正确”的小纸条（即消息）扔进了保险箱，同时向其他箱子里扔进了写着“错误”的小纸条，并把箱子发还给李四。

（3）由于已经丢弃了三个箱子的钥匙，现在李四手上只有标记为 45kg 箱子的钥匙，他拿这把钥匙打开那个箱子，发现里面有一张写着“错误”的纸条。

至此，李四明白了他和张三的体重是不一样的，获得了他想要的信息，但同时又不知道张三的真实体重，而张三也不知道李四打开的是哪个箱子，这就完成了一次不经意传输。这里的关键是，在前置条件下，李四有且仅有一把符合条件的保险箱钥匙，并丢弃了所有其他的钥匙。

秘密共享

秘密共享的思想是将秘密以适当的方式拆分，拆分后每份由不同的参与者管理，单个参与者无法恢复秘密信息，只有若干个参与者协作才能恢复秘密信息。更重要的是，即使有某些参与者丢失了部分秘密信息（在一定范围内），秘密仍可以被完整地恢复。早在 1979 年，公开密钥密码体制的发明者之一、图灵奖获得者阿迪·萨莫尔（Adi Shamir）就对这个问题进行了思考。

举例来说，有三个富翁张三、李四、王五，他们想知道他们的现金财富加起来一共有多少，却又不想暴露各自财富的具体数值，这里就可以通过秘密共享机制来实现，如图 9-2 所示。

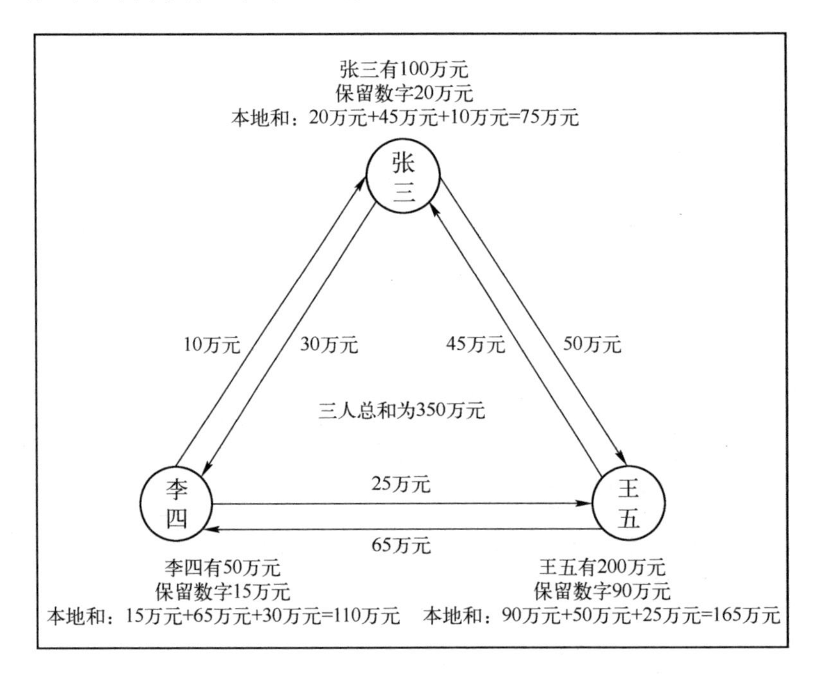

图 9-2　秘密共享机制

（1）首先假设张三有 100 万元，李四有 50 万元，王五有 200 万元。这三方将各自的这个“秘密数字”随机分成三个数字的相加：张三的 100 万元等于 20 万元、30 万元与 50 万元的相加，李四的 50 万元等于 15 万元、10 万元与 25 万元的相加，王五的 200 万元等于 90 万元、45 万元与 65 万元的相加。他们的总和是 350 万元，但此时各自都不知道。

（2）将三个数字中的两个分别分享给其他人：张三向李四分享的是 30 万元，向王五分享的是 50 万元，自己保留的是 20 万元；李四向张三分享的是 10 万元，向王五分享的是 25 万元，自己保留的是 15 万元；王五自己保留的是 90 万元，向张三分享的是 45 万元，向李四分享的是 65 万元。

（3）三个富翁公开从其他两个人处获取的数字，并和自己的保留数字相加后得到本地和，把这个本地和也公开给其他双方：张三的本地和为 20 万元加 10 万元再加 45 万元等于 75 万元，李四的本地和为 15 万元加 30 万元再加 65 万元等于 110 万元，王五的本地和为 90 万元加 50 万元再加 25 万元等于 165 万元。

（4）任何一方都可以通过将所有三个公共本地和相加来知道最终的结果，即 75 万元加 110 万元加 165 万元等于 350 万元。

在整个过程中没有显示任何一方的私有数据，既不知道每一方保留的“秘密数字”，也不知道每一方各自的财富，但却可以准确地知道财富的总和。

3. 解决百万富翁问题

回到之前提到的“姚氏百万富翁问题”，我们可以使用多方安全计算技术来解决这个问题。具体过程用以下简单的抽象示例来说明。

（1）假设张三的财富为 3 亿元，李四的财富为 4 亿元，大家都不知道也不会透露这个“秘密数字”。

（2）张三准备 5 个一模一样的箱子，并在外面贴好 1 亿元到 5 亿元这 5 个标记，按照自己的财富值往里面放入生梨、香蕉或苹果。当标记值小于、等于、大于自己的财富值时分别放入生梨、苹果、香蕉。最后把这 5 个箱子都装上锁后，发送给李四。

（3）李四根据自己的财富值在标记为 4 亿元的箱子上再加上一把锁，然后把其他箱子都销毁，接着撕掉这个箱子上的标记，并把这个箱子发回给张三。

（4）张三收到李四发回的这个有两把锁的箱子，但因为每个箱子都是一样的，张三并不知道李四选择的是哪个箱子。

（5）张三告诉李四生梨、香蕉和苹果的放入规则，并和李四分别拿出各自的钥匙开锁。由于李四知道自己选择的是 4 亿元的那个箱子，很显然箱子会开出生梨，此时李四便知道自己的财富要大于张三。

整个过程中，张三不知道李四选择了哪个箱子，李四也不知道张三真实的财富值。所以从功能和意义上来说，MPC 技术可以用来帮助参与方在互不信任的情况下进行协作计算，在得到统一真实的计算结果的同时，避免了因数据交互而引发的隐私泄露问题。但目前，MPC 技术面临着计算性能低、通用性差、开发难度大等问题，对具有技术劣势的组织并不友好。

9.3.3 可信执行环境

除了多方安全计算，另一类隐私计算称为可信计算，其中常用的方法为使用可信执行环境。

1. 什么是可信执行环境

可信执行环境是基于硬件和密码学原理的安全计算方案，是一种在防分离内核上运行的防篡改处理环境，其通过把隐私信息加载到一个受硬件保护的内容容器中来实现运行安全和数据安全。其主要优点是通过硬件隔离手段对涉及隐私数据的运算和操作进行保护，相比于纯软件实现的隐私保护方案有更多的机会表现出更好的性能和扩展性。理想的可信执行环境保证了代码和数据的真实性、完整性和机密性。

2. 两种实现范式

目前，可信执行环境有多种实现范式，常用的有 Intel SGX 和 ARM TrustZone。

SGX 由 Intel 提出，是基于 CPU 实现执行环境隔离的硬件安全机制，其架构如图 9-3 所示。SGX 通过内置在 CPU 中的内存加密引擎（Memory Encryption Engine，MEE）及内容容器（Enclave）来实现应用程序的运行安全与数据安全。在图 9-3 中，Intel SGX 允许应用程序 App A 实现一个安全的内容容器 Enclave A，在应用程序的地址空间中划分出一块被保护的区域，将合法软件的安全操作封装在内容容器中，为容器内的代码和数据提供机密性和完整性保护。当将应用程序 App A 中需要保护的部分加载到容器 Enclave A 后，只有位于容器内部的代码才能访问容器所在的内存区域，而容器之外的任何软件（包括操作系统）都不能访问这片内存区域。

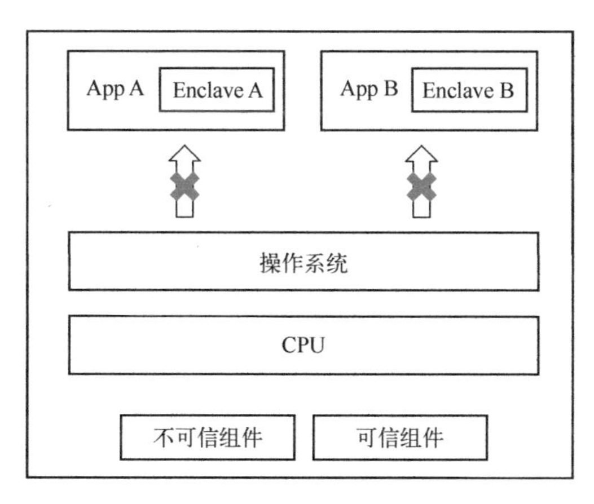

图 9-3　SGX 可信执行环境

相对于基于 Intel 系统特有的可信执行环境 SGX，TrustZone 是 ARM 处理器所特有的安全计算环境，其架构如图 9-4 所示。不同于 Intel SGX 可以生成多个完全封装的内容容器，TrustZone 将一个 CPU 划分为两个平行且隔离的处理环境：一个为普通运行环境，另一个为可信运行环境。因为两个环境被隔离，所以很难跨环境操作代码及资源。整个系统的安全性由底层操作系统全权负责。如果说选择 TrustZone 需要默认相信存在一个完全安全的操作系统，保险柜钥匙由管理员保管，必须完全相信管理员，那选择 SGX 就意味着仅相信 CPU 内核，保险柜钥匙也在自己的手上。

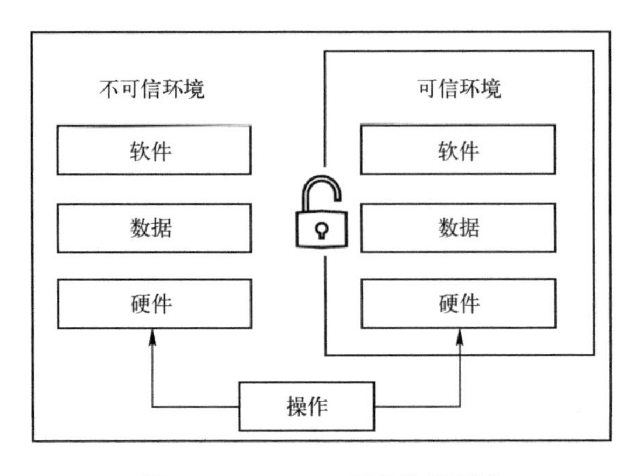

图 9-4 TrustZone 可信执行环境

可信执行环境虽然具有较高的通用性、易用性和相对较优的性能，但缺点是需要引入可信第三方，也就是要选择组织所信任的芯片厂商。简单来说，使用可信执行环境技术，组织可以信任硬件，但却不能完全信任控制硬件的人。因此，可信执行环境最好用于许可网络，其中所有的节点都经过预先批准，环境经过认证且可信任。

9.3.4 数据结合区块链：未来的数链通平台

1. 数链通基础：区块链结合隐私计算

为了更好地实现数据的“可用但不可见”，一种可能且实际的方法是将区块链技术与隐私计算相结合，形成一种新的“隐私增强计算”。

众所周知，区块链是一种分布式账本管理技术，其不可篡改、可追溯、价值可传递和去中心化等特性使其在分布式共识、智能合约和密码学方面有很多优势。然而，虽然大部分组织很认同区块链的价值，但对上链后数据的完全开放存在顾虑，而解决数据隐私问题恰恰又是隐私计算所擅长之处。两者结合后，区块链可以解决数据篡改的问题，确保计算过程和数据的可信，隐私计算则对数据的安全性和隐私保护进行有效补充，这也是未来数链通平台要实现的目标。

其实，现在的思路就是将区块链网络和可信执行环境打通，充分发挥区块链网络和可信执行环境各自的优势，在现有数据安全及隐私保护的基础上最终实现数据的自治但不集中、可用但不可见。

2. 基于可信执行环境的数据共享服务

之前我们说过，未来的组织在数据完全资产化和确权的过程中会形成标准化、规范化的数据资产目录。在未来的数链通平台中，数据资产目录会被上传到区块链网络，并通过区块链网络连接包括数据提供方、数据使用方及监管方在内的多个参与方，实现对数据资产目录的统一管理，为数据的申请、访问提供统一的入口，同时又可以对数据的使用时效进行有效管理。过去，实现数据共享交换主要有链上加密数据共享和链外数据传输安全通道两种方式，未来会有第三种选择，即基于可信执行环境的数据共享，如图 9-5 所示。

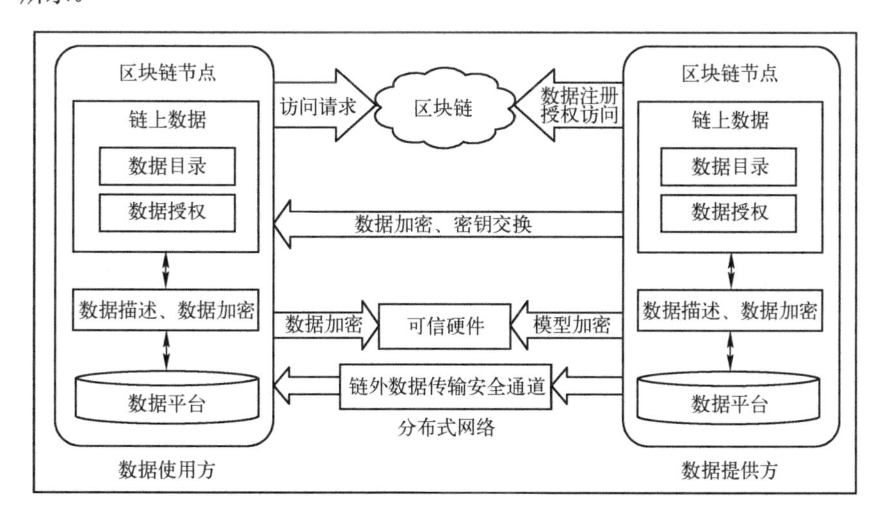

图 9-5 基于可信执行环境的数据共享

在链上完成数据授权，数据提供方会把数据加密传入可信执行环境，数据计算在可信执行环境中完成，最终结果加密后传出，全程不会暴露数据明文，最大限度地实现数据的可用但不可见。虽然相比于前两种数据共享方式，目前这种方式的应用场景还比较有限，主要是因为可信执行环境对内存的要求较高，不适合数据量大的情况，而且需要额外选择和采购支持可信执行环境的硬件设备，建设成本也较高。但其可以保护数据隐私与算法隐私的高度安全，依然值得业界进一步投入和探索。

总结而言，这种新的方案可以利用区块链本身的多方参与防篡改、全程留痕可追溯的能力，来支持数据提供方对数据资产目录、数据授权、数据模型、算法模型进行有效的管理，同时可以规定数据的用途、用量与时效，使数据使用更可控，也可释放数据定价的潜力，有效地实现数据价值。此外，可信执行环境可以保证机器中运行的代码没有被篡改，数据仅被可信执行环境访问，避免数据泄露。计算结果由可信执行环境背书上链，提供真实性证明，从数据到计算结果都只能被用户自己看到，端到端地保护数据安全与隐私。最终，实现数据要素可信共享及有序流通的目标，加速更大范围内的数据资产化的进程，助力更成熟的数据交付及交易模式的形成。

CHAPTER 10

10 第 10 章 不断演进的数据分析

数据分析的目的是把隐藏在大量看起来杂乱无章的数据中的信息集中和提炼出来，从而找出所研究对象的内在规律。这种规律可以帮助组织实现更好的经营、治理与决策。通常，更有效的分析意味着更多的信息、更好的决策、更智能的工作方式等，分析技术的演进目标也在于此。本章将围绕数据分析、知识洞察、决策智能等方面对数据技术的创新进行探讨。

10.1 数据分析与知识洞察

数据分析早于数据技术本身存在，而现在的分析工具功能也越来越强。除了 AI 技术赋能数据分析，基于图计算、图引擎的知识图谱技术也开始被广泛地运用。

10.1.1 从 BI 到 BAI

未来的商业智能（Business Intelligence，BI）与 AI 的关系将会越来越紧密。AI 领域中关于数据分析的增强能力会赋能 BI，使未来的数据分析与探索变得更智能可靠，逐步从现在的 BI 过渡到 BAI（Business and Analytics Intelligence），即为解决数字时代社会、经济、科学、人文等问题而充分地互补融合成的统一有机体。

1. BI 的由来

数据分析远早于数据技术本身出现，从欧洲黑死病感染源的分析到秦始皇统一六国前的“国力竞争分析”，人们会基于身边的案例或自身的经验进行分析，以辅助下一步行动的决策。分析是为了让人们通过认识事或物的表象来理解其背后的实质，从而不但让人在情感上更有安全感，也让事物具有可预测性，最后辅助决策的制定。

在瞬息万变的商业社会更是如此，企业高管可能连自己的经验判断都不信，又如何在复杂的环境中作出准确的判断和决策呢？于是，“商业智能”一词应运而生。其狭义的概念最开始是由 IBM 的某个研究员提出的，后来在 1996 年被 Gartner 提及过一次，在那时通常将其理解为“将企业中现有的基于事实的数据转化为知识，帮助企业作出明智的业务经营决策的工具”。

在今天看来，BI 最开始的目标并不复杂，笔者早期参与的 BI 项目大多是使用企业内部数据做一些简单的关系型标准报表，有点像将 Excel 报表网页化。随着技术的进步，企业开始制作基于联机分析处理（Online Analytical Processing，OLAP）的分析报表、仪表盘、领导驾驶舱、平衡记分卡等，但其目的仍是以分析为主，辅助决策。这也是比尔• 恩门（Bill Inmon）在《建立数据仓库》一书中将数据仓库和附属的报表系统定义为决策支持系统而非决策系统本身的原因。

2. AI 赋能 BI 的原因

为什么说未来的 BI 需要 AI 的持续赋能？这里面有许多因素，但笔者认为最主要有两点。

首先，人们越来越习惯依靠分析数据来获取更好的行动决策或竞争优势，并希望这个过程可以更自动化、更有效率、更准确。我们认识到经验、教导甚至案例本身都不是客观的，甚至可能是误导的。于是，当一切都可以被数字化的时候，我们的诉求就变成了基于数据使过程自动化，而不仅是辅助决策。最好是决策智能，由 AI 代我思考、替我决定，让我省去“作决定的苦恼”，直接告诉我答案，甚至是下一步怎么做。

其次，在数据量不那么庞大的年代，我们依靠自身的逻辑思维还能从数据分析的结果中推理出事情的原因，但在大数据时代，我们可以获得的影响事物因素的数量呈爆炸式增长，单靠人脑的计算演绎显然很难覆盖全部的因素，甚至无法从数据中总结出其应有的规律，更不要说从这种规律中找出因果逻辑的答案了。因此，只有借助 AI 算法来帮助我们理解这个数字世界。

而且，越是能完整描述宏观世界的大数据，越是具有不确定性的特质，我们不得不从追求逻辑上的因果关系过渡到强调事物之间的相关性，这也是 AI 算法所擅长的领域。

10.1.2 下一代智能分析

Gartner 曾在 2017 年就提出了“增强分析”的概念，其核心是利用机器学习将数据准备、数据洞察和洞察共享等过程自动化。机器学习的算法模型可以针对特定的场景给出决策建议，降低数据分析的门槛，提高数据分析的效率。在其后的几年，Gartner 又多次对这一概念的关键能力进行了补充，例如自动洞察、自然语言能力、嵌入式分析、数据故事讲述等。笔者认为在 Gartner“增强分析”概念的基础上，再结合多模态分析、全组织决策、分析驱动的知识沉淀等 BAI 能力，就可以形成产业界所期望的下一代智能分析系统的雏形，如图 10-1 所示。

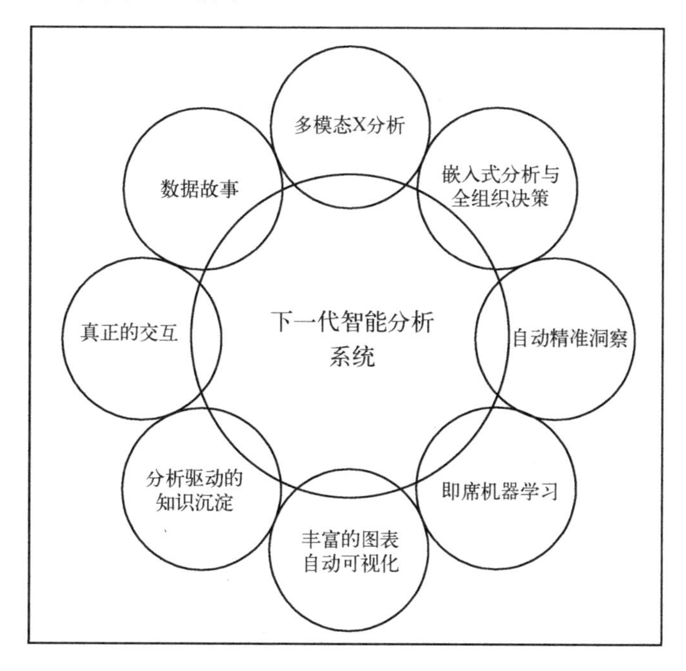

图 10-1　下一代智能分析系统的雏形

1. 多模态 X 分析

现在的数据平台不仅要处理结构化的数据，还要处理半结构化、非结构化的数据。当然，未来的 BAI 系统也应该具备支持 X 分析（X= 数据、日志、视频、图片、声音等）的能力，那势必要引入 AI 算法模型。

对于日志，BAI 系统需要有聚合分析的能力。例如，对基于生产设备的日志进行聚合计算，可以反映生产设备当前的状态，还能预测生产设备需要维护的时间及条件；又如，对基于用户行为的日志进行聚合计算，可以反映用户的现状，并尝试预测其下一步的行为。

对于图片和视频，BAI 系统需要具备语义理解的能力，即在没有人工干预的情况下可以对图片或视频中的人物、事物、环境等信息进行提取并分析，并尝试预测在同等特定条件下后一个可能会出现的人、事、物等。

对于声音，BAI 系统需要具备识别解析的能力。例如，对人类语音进行语音识别之后，再辅以自然语言理解（Natural Language Understanding，NLU）能力进行语义理解和意图分析；又如，对生产设备的噪声，可以进行模式识别与分析来判断设备的运行状况等。

而且，以上所有的信息都不应该是割裂的，而需要被嵌入 BI 作为一个有机的整体用于进行总体的生产经营分析与决策。

2. 嵌入式分析与全组织决策

组织越来越相信，数据不仅是辅助决策的工具，更是帮助组织作决策的引擎，因此，应当将数据分析和决策能力嵌入业务和运营系统，甚至将这个主动决策的引擎嵌入每个智能终端。

数字化决策的优势是基于数据事实而非感性经验来形成日常工作的决策。人类对事物高层次的认知能力可以用来制定组织的整体战略和完善顶层设计，而 BAI 系统则负责提供战术层面的支持，帮助组织执行策略。因此，BAI 系统需要匹配组织的不同管理层级，通过把算法模型和决策引擎集成到定义好的系统和企业流程中，使各层级管理者无法轻易绕过数据分析作决策，使企业从上至下以统一的、基于事实的数据作为牵引，共享统一的信息，形成统一的知识，最后化为统一目标的行动。

近年来，产业数字化转型的浪潮一浪高过一浪。以营销领域来说，组织数字化转型之后可以获得的用户行为数据大幅增长，但我们发现数据的支撑对销售的提升效果并不理想。其主要原因之一是人们都忽视了一个关键点，那就是影响实际销售成果的是战斗在第一线的工作人员。他们在日复一日地尝试作出最佳销售决策，而在数字化赋能过程中往往忽略了给他们提供决策支撑的工具。他们的最佳决策实践也没有办法通过数字化的工具形成知识而沉淀下来。

另一个残酷的现实可能是，中层领导或基层经理等工作人员都被淹没在无止尽的汇报中。这些报告或多或少会经过人为的粉饰，更有甚者，通过修改数据或勾结第三方数据供应商，为领导提供不切实际的数据，只为获得一个好的评价，而将公司的利益置于身后。因此，有时我们会遇到在基层工作的经理们经常把报告中的数据描述成无用的、矛盾的和误导人的。

嵌入式分析与全组织决策就是为了使数字化、智能化决策分析的能力覆盖整个组织，而不仅是企业的关键岗位，还有基层、终端一线人员，以适度提高基础决策的重要性。在 BAI 系统中，一方面组织的战略决策可以借助平台工具有效地分解为各层级可执行的决策任务，另一方面各层级的决策及其效果也可以借助工具形成有效的反馈来优化组织的战略决策。

3. 自动精准洞察

在全面数字化的时代，企业面临的可能是海量的异构数据，对一件事物的描述可能是高维的（成千上万个描述事物的因子）、低价值密度的（独立的高相关性因子较少）。因此，传统的数据分析手段很难高效地从中获得有助于业务的洞察。利用机器学习构建的端到端算法模型或许能告诉我们答案，但也可能由于其缺乏可解释性，而在决策的流程中无法与相关性因子形成业务层面的因果逻辑连接，也就无法及时地针对市场变化提出业务上可靠的决策建议。

好在如今在数据挖掘领域，统计学的工具已相对成熟，在未来嵌入式分析与全组织决策的背景下，利用自动化分析工具可以在选定数据集对象后，很快地在特定的数据场景中找出与特定业务有关的影响因子。例如，可以从影响因子的重要性、相似度、关联度等着手，把高维的“大数据”降维成更高价值密度的“小数据”，使业务人员作决策时更高效、更精准。之前我们有论述过数据价值链的概念，对相同的数据资源采用不同的融合逻辑所带来的价值增益是不同的，因此，海量数据自动化降维后的精准洞察有助于指导人们在特定场景下使用更有效的方式去进行数据的汇聚融合。

4．即席机器学习

如果 BAI 系统需要多样化的 AI 算法模型来实现多模态 X 分析，并支持执行嵌入式分析和全组织决策，那么一线业务人员就需要具备构建可靠的 AI 算法或是快速的算法模型的能力。因为毕竟他们更靠近快速变化的业务，他们构成了组织的业务能力本身。算法工程师只是在接受业务、理解业务后再使用技术手段去实现业务罢了。过去，由算法工程师来构建模型的效率低，无法及时响应业务的变化。

因此，BAI 系统需要为组织的前端业务人员提供此类工具，以便在特定的场景下基于特定的业务数据经过少量配置化的操作，就能即席地完成一个特定的机器学习任务，进而对这个特定的业务场景形成分类或是预测。

举例来说，在一个专注线下零售的企业中，数据分析师可以基于自有的一方数据和采集的第三方数据来进行数据分析，找出组织内提供数据较丰富和完整的典型线下门店。基于这些门店的数据，算法工程师通过特征工程，构建可以影响门店客流量的、适合企业全局的数据特征集。当业务人员到线下勘察门店想要优化资源配置时，势必需要了解该门店未来可能的客流量信息，于是可以针对门店的实际情况在全局的数据特征集中选取部分特征，以配置的方式进行快速的机器学习和模型构建，以此来获得所需要的预测结果，帮助他们作出类似门店人力配置、货品配置等的决策。

即席机器学习赋能业务人员在特定场景下利用业务数据形成有效的算法模型来及时地获得策略，以响应数字时代丰富的业务场景和市场变化，使业务人员可以更专注于场景和业务本身，而非疲于和数据算法团队来回沟通。算法工程师也可以摆脱无止境的、用于特定场景的定制化算法开发，而把精力分配在更复杂、对组织更通用的算法能力实现上。

5. 丰富的图表自动可视化

图形构成了现代数据分析的基础，能够增强用户的分析效率、改善用户协作。虽然图形技术不是数据分析领域的新技术，但随着组织需要越来越多的分析场景，因此对图表的可视化要求也越来越高。

首先是对分析工具中图表组件的要求更丰富，不再只是传统的折线图、柱状图、饼状图、指标卡、表格等。随着各个组织业务流程数字化能力的提高，对事件、行为、时序、地理位置的分析诉求也在提高，热力图、雷达图、旭日图、桑基图的使用在未来会成为标配，当然有条件的话还需要 3D 效果的渲染与虚拟现实/增强现实能力的适配。

其次是对图表自动可视化的要求，根据数据集的类型自动选择合适的可视化展示方式，以清晰地展现数据分析的结果。一方面是自动选择图形，当查询出数据集后，机器会根据数据的特点自动生成合适的图表，当维度变多后，会自动将现有的图表拆分成多个；另一方面需要自动生成图表化的交互式分析报表，包括页面设计布局、图表组件选择、配置控件排布、联动分析能力等。

6. 分析驱动的知识沉淀

BAI 系统应当提供一个能沉淀用户知识的数据分析及探索平台，以支持用户充分利用已有的知识去构建数据模型、探索分析路径、形成领域内的规范分析结果。这种结果作为知识又可以作用于新的数据分析循环，从而形成一个数据分析与知识沉淀相结合的闭环，并留存于数字化组织和流程中。未来要实现这一目标，我们就需要厘清目前组织的数据分析行为和知识沉淀过程，使其流程化和数字化。

▶▶ 分析能力的演进

过去，政企组织在特定的业务领域非常依赖个别关键角色基于个人的经验进行知识沉淀，这一方法虽然现在仍在组织内发挥效用，但很显然个人的经验有强烈的主观效应且容易“丢失”。在数字化时代基于数据事实进行分析的背景下，越来越多的组织希望基于数字化流程和工具来执行全组织的数据分析，并通过分析驱动的流程沉淀有助于组织战略目标实现的知识，使这些宝贵的知识留存于组织内。

目前，大部分组织处于业务驱动数据分析和数据驱动业务探索共存的状态，且这一状态在未来仍会延续。下面探讨业务驱动数据分析能力演进的过程。

在业务驱动数据分析能力演进的过程中，随着所使用的分析技术的能力不断增强，能够回答的业务问题也越来越多、越来越深刻，如图 10-2 所示。

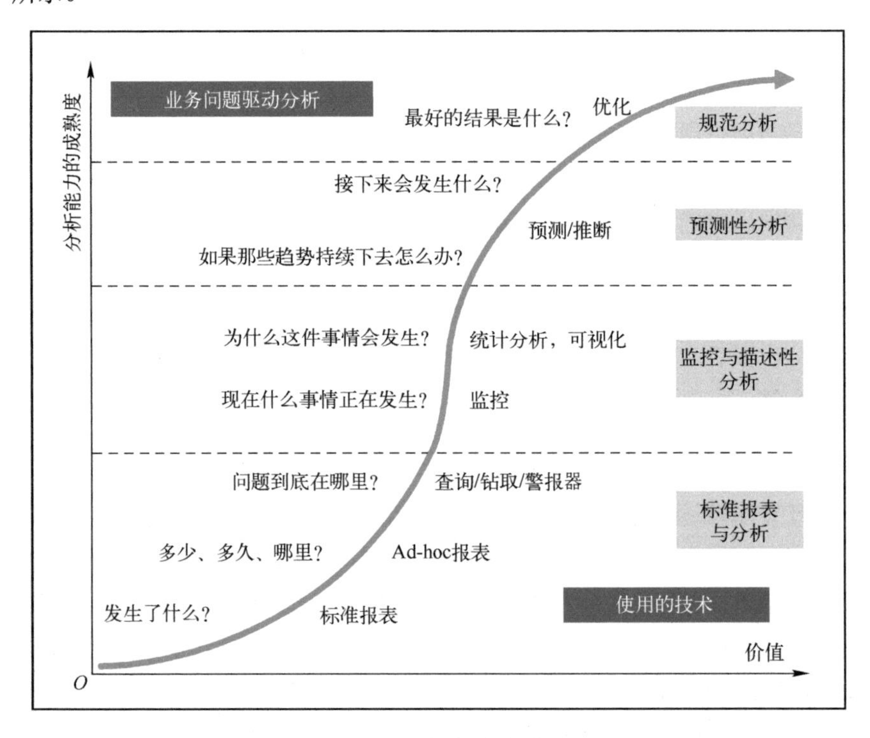

图 10-2　分析能力的演进

图中纵坐标表示分析能力的成熟度，技术由简单到复杂，一开始属于 BI 范畴，逐渐被数据驱动的 AI 技术赋能，形成 BAI 能力；而横坐标表示数据分析所带来的价值，从回答“发生了什么”到回答“如何优化结果”，其带来的业务价值越来越大。图中，“业务问题驱动分析”是指业务方会提出何种问题，以及这些问题会以何种逻辑渐进式地驱动下一个问题的提出；“使用的技术”是指 BAI 系统应当使用何种工具和技术来支撑问题回答。图中的曲线则代表了分析能力与业务价值的关系。

标准报表与分析阶段： 典型的BI场景，运用传统的统计分析技术来回答面向过去的确定性问题。例如，运用标准报表回答发生了什么，并通过下钻/钻取/警报器（BI系统术语）等技术手段锁定问题的细节信息。通常，这个阶段处理的数据对象以结构化数据为主，数据量不会太大。由于这是面向过去作出的分析与洞察，因此可提供一定的业务价值，在图中表示为一段指数曲线。

监控与描述性分析阶段： 利用实时数据计算并生成实时数据指标的技术来可视化地展示当下的业务状态，回答面向当下的确定性问题。例如，利用实时监控技术可以回答当下正在发生什么，结合多维度的实时分析还能回答基于什么原因才形成了当下的这个状态。通常，这个阶段处理的数据对象以结构化数据为主，行为数据、日志数据等非结构化数据为辅，数据量不大但时效性要求高。由于这是面向当下作出的分析与洞察，虽然分析的频率快，但其数据量和信息量都不大，因此带来的业务价值也就有限。在图中表示为一段大斜率的曲线。

预测性分析阶段： 通过数据驱动的机器学习算法构建一个预测或推论模型来回答面向未来的不确定性问题。例如，线性回归算法可以回答数据趋势的问题，而逻辑回归算法可以帮助人们解决分类问题等。这个阶段处理的数据对象通常是海量的、异构的，会同时包含企业经营的结构化数据，描述事件行为的半结构化数据、非结构化数据等。由于这是面向未来作出的预测性判断，在模型准确的情况下，其带来的业务价值是巨大的，在图中表示为一段对数曲线。

规范分析阶段： 基于经验和实践来回答“最好或最坏的结果是什么”“我们应当怎样去优化这种结果”等问题，这些属于规范分析。笔者认为组织的分析能力经过描述性分析和预测性分析等实证分析阶段，会演进到规范分析的阶段，这也是分析驱动知识沉淀的关键一环。

▶▶ 规范分析

规范分析是以一定的价值判断为基础的。著名经济学家凯恩斯在《政治经济学的范畴与方法》一书中对规范分析和实证分析这两种不同的方法进行了描述。规范分析就是作评价，有主观观点，描述事物应该是一个什么样的状态。实证分析就是不作任何评价，只给出客观事实，客观地描述事物存在的状态。

“根据国家统计局公布的第七次全国人口普查结果，我国总人口为141178 万人，同 2010 年第六次全国人口普查数据相比，增加 7206 万人，增长 5.38%，年平均增长率为 0.53%。”这句话就是客观的，是通过人口普查得出来的结果，无可辩驳。这就是实证分析，说明一个客观状态，并未说明这个客观状态的好与坏，或者应该怎么改善等内容。

“效率比公平更重要”，世界上没有一个经济定理会这样说。有的人会认为效率更重要，而平均主义者会认为公平更重要。这就带有主观评价，这就是规范分析。

规范分析的下一步通常是制定组织为优化目标而要付诸的具体行动计划。根据对行动和特定经营状况的跟踪，我们就能初步判断这种“行动—结果对”是否可以解决组织的业务问题，然后我们需要把经过实践认证的“分析—行动—结果”组合纳入整个 BAI 系统，使其成为特定领域的知识沉淀下来，最终使数字化时代的“实证分析”与“规范分析”有机结合。互联网企业常用的“A/B 测试”或许就是一个很好的实践，但由于线上业务与线下业务在数据采集效率和完整性上的不同，在实际情况下互联网 A/B 测试具有局限性，但 BAI 系统则要求更通用。

▶▶ 知识沉淀的过程

下面通过案例来讲解如何通过实证分析与规范分析的有机结合来有效地沉淀分析驱动的知识。

在我们分析数据的过程中常常伴有个人的“联想分析”，这种联想本身就带有主观的价值判断：或许是由上而下的联想，例如归因分析；又或许是由下而上的联想，例如预测性的演绎分析；还有可能是横向的联想，例如从当前的一个分析事件跳转到另一个有关联的分析事件。

举例来说，假设我们需要对“当前短视频产品的日活跃用户数量（Daily Active User，DAU）是如何组成的”这一命题进行归因分析，借助数字化的工具，我们的思维可以这样展开，归因分析的示例图如图 10-3 所示。

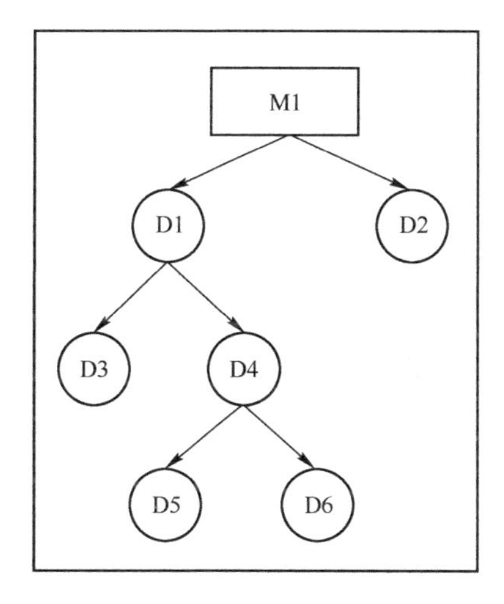

图 10-3 归因分析的示例图

短视频产品的整体 DAU（M1）由活跃用户（D1）与不活跃用户（D2）组成，其中活跃用户（D1）根据所使用设备的品牌分为 D3 和 D4，而 D4 根据用户性别又分为 D5 和 D6。

通过 BAI 系统内置的数字化归因分析工具，我们可以得知使用某品牌的设备的用户群体中不同性别对于产品整体 DAU 的贡献度，这些都是实证分析的范畴。

接着，我们将分析命题演化为“如何提高短视频产品的整体 DAU”。基于分析者主观价值判断的规范分析，形成针对向用户群体 D4 中不同性别用户（D5、D6）推送不同通知消息的行动策略（A1、A2），以及与用户群体 D4 所使用设备的生产厂商协商合作，在此设备上针对新用户预装短视频产品的行动策略（A3），这就形成了如图 10-4 所示的分析后的行动策略示意图。在下一次的归因分析中观察这些策略所带来的结果变化，将有效的行动归纳为最佳实践并沉淀在数字化的平台工具中，为下次行动提供建议。

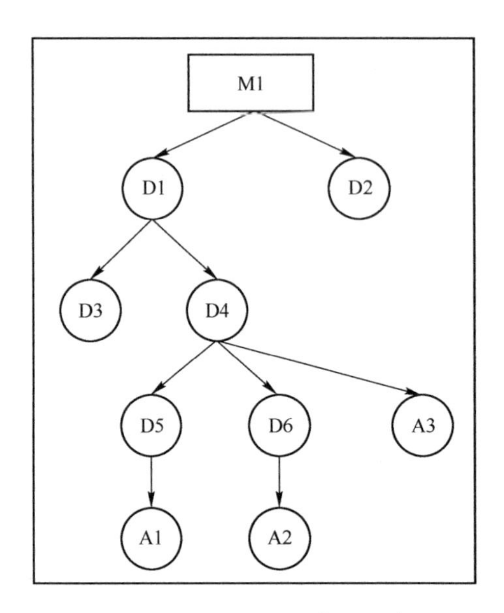

图 10-4　分析后的行动策略示意图

再举例来说，如果我们想要向某个地区的存量用户执行一个新的行动策略，应当预设某个时间点那个地区的预期 DAU 值目标，并利用 BAI 系统的预测性分析能力，得知未来某个时间段内该地区的 DAU 对整体 DAU 贡献的趋势。基于这种趋势去验证新的行动策略是否有效，最终将特定领域场景下“分析—行动—结果”的知识组合沉淀下来。

除了业务驱动数据分析，数据驱动业务探索的模式也有其数字化原生的特点。从数据到洞察分析再到行动，通常都已是自动化和智能化的过程，从而更容易实现分析驱动的知识沉淀的目标。例如，对于常见的推荐系统和预测性维护系统，我们仅关心如何使智能自动化系统中的算法模型更具有业务可解释性。当可解释的 AI 算法模型告诉我们影响某业务的重要因子和其数值时，由于面向的分析角色不同，关注点也会不同。那么，当不同的业务目标被有效完成的结果出现时，BAI 系统需要自动识别出机器关键的分析及行为路径，将其在平台工具上固化下来形成在特定时间段里、在特定场景下的有效知识资产，并关注其分析模型在整个有效生命周期中的管理。

7. 真正的交互

从鼠标点击到滑动屏幕，这些从来都不是人类最自然的交互方式，语言沟通交流才是。

利用 AI 能力中的自然语言处理（Natural Language Processing，NLP）能力——有人说 NLP 问题是 AI 领域中皇冠上的珠宝，当彻底解决 NLP 问题时也就彻底解决了 AI 领域所面临的问题——包括自然语言理解（Natural Language Understanding，NLU）、自然语言生成（Natural Language Generation，NLG）等能力，以及语音识别（Automatic Speech Recognition，ASR）和语音合成（Text to Speech，TTS）等语音能力，我们现在已经可以轻松地做到使用自然语音去查询统计表格和分析图表中的数据，未来还会大幅地向实现“真正的交互”这一目标发展。

当用户说出某一查询指令后，BAI 系统会基于 ASR 技术将用户语音解析成自然语言文本，再使用 NLU 技术理解用户想要查询的内容或意图，最后找到结果图表并展示。如果不存在已有的图表，就会动态生成查询语句并自动转换为可视化的图表。基于展示的图表，使用 NLG 技术将机器自动洞察出的观点结论以自然语言文字的形式展现给用户——当然，NLG 技术可能在后台已经形成了成百上千种不同的解释，但只呈现可能性最大的那些解释——甚至是基于 TTS 技术，根据用户所选择的偏好语言、音色、语调、快慢等，将观点结论“说”出来。整个过程就像人和人交流沟通一样，只不过其中一个人可能还自带投影屏幕，如同钢铁侠的管家贾维斯一样。未来与数据交互的方式的总体流程图如图 10-5 所示。

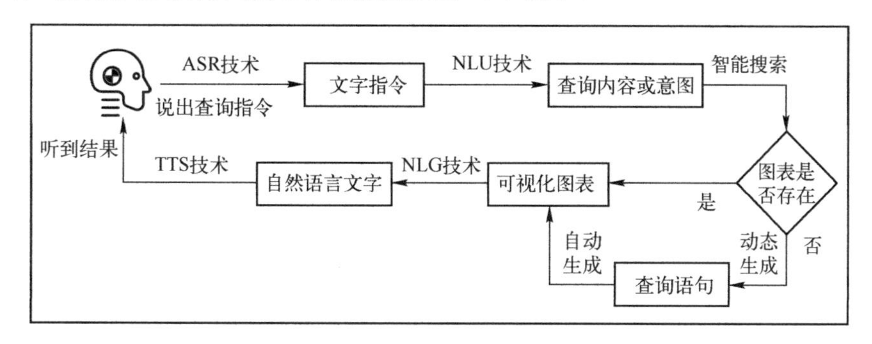

图 10-5　未来与数据交互的方式的总体流程图

过去，业务用户基于预定义的仪表板手动点击或拖拽探索数据，会被局限在肉眼可见的分析报表和仪表盘中，这意味着仅有少部分懂得如何操作的数据分析师或数据科学家能够进行数据探索。展望未来，这种移动的、对话式的、自动化的、动态生成的交互洞察方式，将会把分析洞察这一“特权”从一小撮数据专家的手里转移到组织中的任何人手中，实现“数据分析的民主”。

在特定场景下你几乎可以问任何有关数据的问题，或者在安全管控前提下问问你的同事之前问了什么、得到了什么答案、对其是否有用等。基于后台的分析推荐系统，你甚至可以让 BAI 系统建议你应该问什么问题。毕竟在这个纷繁复杂的世界里，有时候一个好的问题比一个好的答案更难获得。

真正的交互模式可以给用户提供最大的灵活性，这也是激活用户联想分析的良好基础。一个真正意义上的智能分析系统，不只是让用户看数据，而是让用户充分参与其中，定义自己的视角，以沉浸式的体验来激发用户分析的想象力与创造力。

8. 数据故事

为了避免数据分析的结果呈现“一百个人心中有一百个哈姆雷特”的窘境，也为了使分析结果可以令人更信服、更易于理解，BAI 系统需要具备将交互式的数据可视化与叙事技巧相结合的能力，以动态数据故事的形式将数据见解知识内容像播放电影一样展示给组织的决策者。

从描述性分析到预测性分析，再到系统自身形成的数据见解和观点结论，BAI 系统能根据特定场景按需生成动态数据故事，并基于数据诠释组织所处的现状、可见的未来、建议的措施及可能的结果。这场数据故事的电影门票可能将会是组织决策者在数字时代最有价值的投资之一。

10.1.3 知识图谱

1. 知识图谱的概念及作用

知识图谱是实体或概念相互连接而形成的语义网络，其一度被认为是让计算机拥有认知能力最有效的途径之一，通常由实体（点）和关系（边）

组成。这也是在技术理解层面区分信息与知识的一种方法，二者的区别示意图如图 10-6 所示。

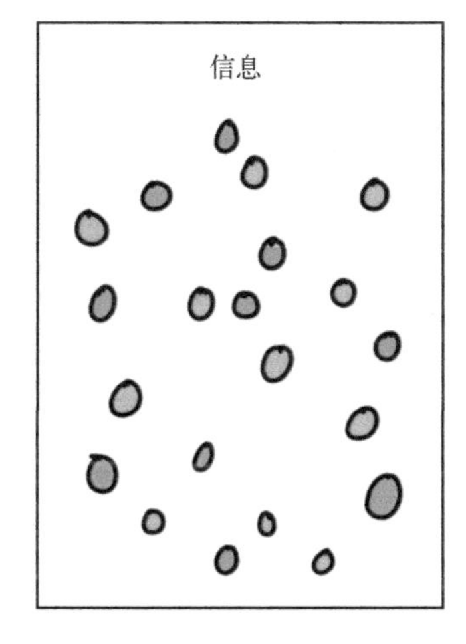

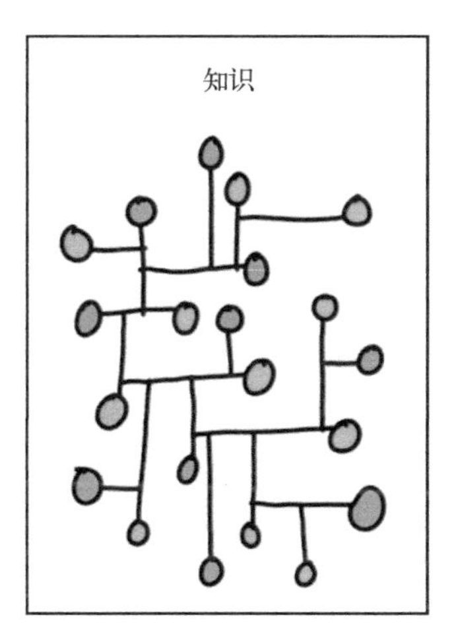

图 10-6　信息与知识的区别示意图

知识图谱并非一个全新的概念，其在 2015 年由谷歌推出后，和许多跨学科、跨领域的专业技术一样，经历了一段不温不火地寻找落地应用场景的阶段。近年来，随着 AI 领域更多高效算法的涌现，知识图谱迎来了更多商业化应用的落地。从营销领域的推荐、搜索、智能问答到金融领域的风控、反洗钱，再到大型商用品、工业用品、基础设施的精细化、智能化运维服务等，都运用到了知识图谱。

例如，基于知识图谱的设备维护手册可以帮助新入行的维护人员快速地针对不同设备在不同运行状况下的问题找到相应的解决方案，基于知识图谱的智能对话系统可以快速响应用户的问题并与之联想对话；又如，微信公众号“中国诗词大会”中那些关于古诗词的互动游戏（例如诗词飞花、诗词解析及联想）就以古诗词知识图谱作为支撑，更不用提那些互联网数字原生企业利用知识图谱实现更智能的用户推荐和搜索程序了。因此，知识图谱也逐渐成为 AI 领域中自然语言处理（NLP）分支下重要的能力之一。

基于现实世界中实体及实体之间关联关系的数字化应用场景如雨后春笋般出现，这也加快了各行各业知识图谱的发展与繁荣。

2．实体歧义

从计算机视角或者说现在的基础性AI视角去看现实世界，我们会发现实体往往存在着大量的歧义信息，歧义信息会产生歧义知识。对缺乏“常识”的计算机来说，理解歧义知识会阻碍其认知能力的发展，因此，在构建知识图谱的过程中，要尽量避免歧义知识的产生。也就是说，对于单一实体，如果是相同的概念就要尽量融合，如果是不同的概念就要切实地区分开来。

举例来说，现在去百度搜索“李白”，会出现唐代诗人的标签、某明星主持人妻子的标签和王者荣耀游戏人物的标签等，这些无论在人和计算机看来都应该是不同的实体，要区别对待。又如在QQ音乐或豆瓣中去搜索那些跨界的明星，比如歌神学友哥，就会出现不同的标签：一个是明星歌手，一个是影视明星。对于我们有社会经验和常识的人来说，很好理解这两者应该是同一人，但对于计算机而言就有难度，因此，在交给计算机处理前，需要明确这两者是同一人，是需要融合的。这也就是我们在构建知识图谱时要做实体融合的原因。

鉴于实体歧义的困境，目前大多数产业中知识图谱的应用都被限定在某一知识领域，其还不具备拥有跨领域“常识”的扎实基础。

3．泛领域的知识图谱

想要让计算机有“常识”，人类就需要构建泛领域的通用知识图谱来帮助计算机没有歧义和偏见地去了解我们的世界。以明星人物为例，在数据收集阶段我们可以放眼全网，通常百科类站点（例如百度百科、互动百科等）会比较多地收集人物的基本信息、家庭信息、亲友关系、生平简介等，影视类站点（例如豆瓣电影、时光网等）会有与人物相关的影视作品信息，音乐类站点（例如QQ音乐、网易云音乐等）会有人物相关的音乐作品信息等。

一个融合做得好的泛领域知识图谱（“好”的定义是数据质量高、信息覆盖全面等）应该通过抽取和融合这些多源异构并充满歧义的信息，转化成计算机可理解的融合知识，从而全方位地展示一个指定实体的全景图。这不仅有利于理解信息，更能促进提升知识推理和计算机认知的能力。

然而，在这个过程中，我们会遇到许多的问题和挑战。例如，信息来源多，这意味着数据形态、数据质量和数据丰富度参差不齐，并且常有一词多义和多词一义的情况出现。我们可以尝试通过传统的实体融合的方法进行解决，包括清洗对齐（异构数据转换为同构数据，包括数据规整、噪声去除等）、实体对齐（判断两个实体是否为同一个，包括多源实体信息的合并和补充）、属性融合（对齐的实体仍包括多源的属性和关系，需要纠错和择优）等。

这里的实体对齐的方法又有基于规则的方法、相似度模型的方法和语义模型的方法等。但当我们回到泛领域知识图谱的实体对齐上会发现，由于领域多、有交叉、数据覆盖差异大、数据离散性高等特点，这些常用的对齐方法都无法很好地满足要求，因此需要进行实体对齐方案的创新优化。目前，业界出现了属性精细化对齐、经验赋能领域树等方法来针对泛领域知识图谱进行实体对齐，相信未来也会出现更智能的实体融合方案来加速泛领域知识图谱的构建。

有机构预测，到 2023 年，知识图谱及其分析技术将促进全球 30%的企业决策过程的快速情景化，并基于知识图谱关联更多可扩展信息的特性形成的“横向跳转”的联想分析能力，来帮助数据分析师和决策领导者找到数据中未知的关系，从而对传统分析技术不易分析的数据进行分析。

10.2 未来的决策智能

10.2.1 管理就是决策

1956 年的夏天，数十名来自数学、心理学、神经学、计算机科学、电气工程等各领域的学者——赫伯特·亚历山大·西蒙是主要成员之一——聚集在位于美国新罕布什尔州汉诺威市的达特茅斯学院，讨论如何用计算机模拟人的智能。后来，人们把这一学科领域命名为“人工智能”。赫伯特·亚历山大·西蒙是 1978 年的诺贝尔经济学奖得主，还是 1975 年的图灵奖得主。他是一个心理学家，他的研究领域是认知心理学等。同时，他的研究领域还涉及计算机科学、公共行政、经济学、管理学和科学哲学等多个方向。

他曾与别人合作开发了最早的下棋程序之一 MATER。他开发了 IPL 语言（Information Processing Language），这是最早的一种 AI 程序设计语言。在研究自然语言理解的过程中，西蒙发展与完善了语义网络的概念和方法，把它作为知识表示的一种通用手段。他提出的“决策模式理论”这一核心概念，为过去受到极大重视的决策支持系统（Decision Support System，DSS）在某种意义上奠定了理论基础。

他曾说“管理就是决策”，非常强调决策在组织中的重要作用。他认为：决策不仅是组织高层的事，组织内的各个层级都要作出决策，组织就是由作为决策者的个人所组成的系统；管理活动的中心就是决策，决策贯穿于管理的全过程，计划、组织、指挥、协调和控制等管理职能都是作出决策的过程。因此，管理就是决策的过程，管理就是决策。

10.2.2　新的决策问题

西蒙曾经做了一个有趣的实验，表明人类解决问题的过程是一个搜索的过程，通过搜索“外部的信息”和“内部的经验”来获得“答案”。决策者之所以通常都是“有限理性”而非“完全理性”的，则是因为他们在决策之前没有全部的备选方案和全部的信息，必须进行方案搜索和信息收集。这句话放在如今信息爆炸的时代可能需要稍加改动。

未来，我们面临的信息危机可能不是信息匮乏，而是信息数量过剩，即信息爆炸带来的问题。在信息爆炸的生活环境中，意识到“人的理性是有限的”或是“人类大脑对信息处理的能力是有限的”这一现实是十分重要的，它将能更好地指导我们集中精力搜寻有效、合适、满意的信息，而不是搜寻所有相关的信息。只有这样才可能有效地思考问题、解决问题，而不是一味地追求最优解。

未来，企业或个人的关键任务不再只是产生、存储或分配信息，而是对数据信息进行过滤，加工处理成各个有效的组成部分。着眼当下和可预见的未来，稀有资源已不是数据资源本身，而是通过处理这些数据使之成为管理决策的能力。

10.2.3 决策的分类

在讨论决策智能之前，我们必须先认识讨论的对象，厘清不同决策的种类。决策的分类方法有很多种，例如按发生频率分类、按技术成熟度分类、按发生频率与影响范围相结合分类等。

1. 按发生频率分类

我们可以将决策按发生频率分为程序化决策和非程序化决策。

程序化决策： 带有常规性、反复性的例行决策，可以制定出一套例行程序来处理的决策。比如，过去的假期工资补偿、排班工作、例行采购、普通商品标价、报销审批等，现在数字化时代的程序化广告购买、千人千面的推荐系统、物流快递的路径制定、网约车外卖小哥的派单系统、生产设备的预测性维护、电力能源的削峰填谷、农业物联网的智能灌溉等。这些已经镶嵌在日常工作流之中，描述和结果是确定的、可以找到最优解的。

非程序化决策： 过去尚未发生的，或其确切的性质和结构尚捉摸不定或很复杂的，或其作用十分重要而需要用“现裁现做”的方式加以处理的决策。比如，某公司决定在以前没有开展过业务的国家建立营利性组织的决策，新产品的研制与发展决策等。

2. 按技术成熟度分类

按技术成熟度可以分为结构化决策、非结构化决策与半结构化决策。

结构化决策： 能用确定的模型或语言描述决策过程的环境及规则，以适当的算法产生决策方案，并能从多种方案中选择最优解的决策。

非结构化决策： 决策过程复杂，不可能用确定的模型和语言来描述其过程，更无所谓最优解的决策。

半结构化决策： 介于以上二者之间的决策，可以建立适当的算法产生决策方案，在决策方案中得到较优的解。

3. 按发生频率与影响范围相结合分类

我们还可以结合决策的发生频率与影响范围进行划分。麦肯锡就曾以此为依据，将决策分为四种不同的类型，包括临时决策、委任决策、赌注决策和跨横决策，如图 10-7 所示。

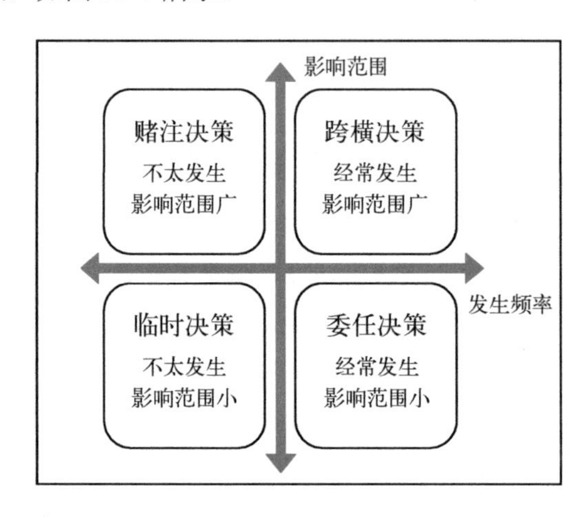

图 10-7　麦肯锡的决策分类

赌注决策： 不太发生的、影响范围广的、有可能塑造公司未来的决策，通常在当时无法判断此类决策是否正确。

跨横决策： 经常发生的、影响范围广的、通常是跨组织边界的、需要多团队协作制定的决策。

委任决策： 经常发生的、影响范围小的、可以安排给个人或工作团队处理的决策。

临时决策： 不太发生的、影响范围小的决策。

在把决策进行分类之后，我们可以发现委任决策在影响范围上要小于赌注决策和跨横决策。委任决策通常是日常工作中会例行发生的一些事情，比如人才招聘、市场营销和日常采购等。委任决策的关键价值在于其在整个组织中高频率发生而产生的“乘数效应”。

10.2.4 决策支持系统

管理决策的四个阶段通常分为收集数据（情报活动）、制定可能的行动方案（设计活动）、选择行动方案（抉择活动）及评价跟踪（审查活动）。

一般来说，无论是过去还是现在，调查经济、技术、政治和社会形势，收集各类数据、信息和情报来判别是否需要采取新行动以适应新情况的过程，占用了组织高管、中层管理者乃至一线决策者的大部分工作时间。于是，接下来的逻辑便是，如果可以高效地给决策者提供有效的信息，决策者就可以更有效率地产生“满意解”。基于这种逻辑，决策支持系统的产生就顺理成章了。

1. 过去的决策支持系统

最初，决策支持系统的概念只是一个架构设想。信息时代赋予其的定义是，辅助决策者通过数据、模型和知识，以人机交互的方式进行半结构化或非结构化决策的计算机应用系统。传统的决策支持系统架构示意图如图10-8所示，其核心部分一般由交互语言系统、问题处理系统，以及知识库、数据库、模型库、方法库管理系统组成。

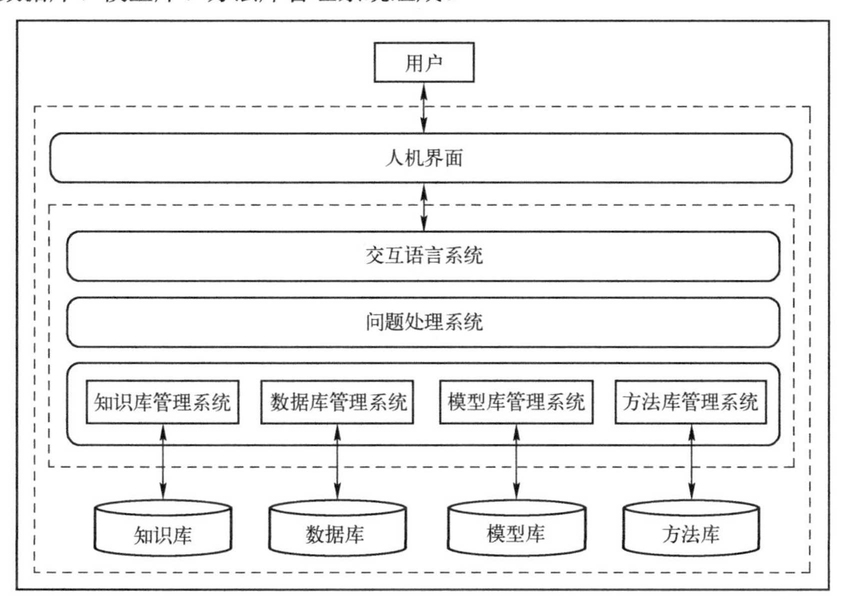

图10-8 传统的决策支持系统架构示意图

这些理念在 20 世纪 70 年代就已经被提出了，并且在 20 世纪 80 年代得到进一步发展。现在回过头看，会发现其和现代大多数的智能商业决策系统、高级数据分析探索项目的架构非常相似。

以前，由于信息处理的能力有限，知识库、数据库、模型库、方法库管理系统，交互语言系统，问题理解处理系统等这些在当时还算是“高阶功能”的系统没有办法被高效地构建，因此商用的案例就比较少。决策支持系统在那个年代除了在少数领域，如医疗、金融，并没有规模化地发展起来。

随着信息技术特别是数据技术的发展，孕育了数据仓库和商业智能这样的方案。这些方案能帮助决策者快速有效地从数据中分析出有价值的内容，有助于决策拟定及快速响应外在的环境变动。其特点是从结构化数据中提炼出能够辅助决策的信息和内容。结构化数据因其良好的表达性、量化性与标准性，可以快速地被商用并复制到不同的业务模式下，所以，很长一段时间内 BI 系统被认为是企业决策支持系统的代表，但也仅限于支持基于数据的决策。

决策支持系统的理念强调的是对管理决策的支持，而不是决策的自动化。它所支持的决策应当是任何管理层次上的，如战略级、战术级或执行级的决策，并且它应当支持完整的管理决策链路上的四个阶段。因此可以看到，过去的商业智能系统虽然较好地解决了管理决策过程中的第一步，即“情报活动”，却没有为用户提供可实施的方案及评价评估这种方案的功能。

现在，基于数据驱动的统计机器学习、深度学习等能力，人们可以捕获和处理大量的非结构化数据，例如文本、语音、图像等。结合知识图谱和语义网络等知识表示及可视化能力构建更完整的决策支持系统已成为新趋势。而这一次人们想做的，不只是决策支持。

2．现在的智能决策支持系统

其实，早在提出决策的完全自动化之前，经典的决策支持系统就发展出过一个分支，即智能决策支持系统（Intelligent Decision Support System，

IDSS）。根据定义，它是 AI 和决策支持系统的结合，应用专家系统技术使决策支持系统能够更充分地运用人类的知识，如关于决策问题的描述性知识、决策过程中的过程性知识、求解问题的推理性知识等，并通过逻辑推理来帮助解决复杂决策问题的辅助决策系统。

从功能架构上来看，它是在传统的三库（知识库、数据库、模型库）或四库（知识库、数据库、模型库、方法库）结构中加入了自然语言的处理和推理机。这个概念出现得较早，现在大部分的决策支持系统都已经完成了这些关键要素的构建，形成了相对成熟的体系架构。然而，这种做法却使得决策支持系统与专家系统越来越相近，这显然不是一个完美的发展方向，因为这两者原本的目标是不同的。

决策支持系统强调通用性，是对结构化决策和非结构化决策的共同支持。对于很多复杂的管理问题，决策支持系统会按照人的思维模式引导用户解决问题，人机配合，最后作出决定的仍然是人，例如现在的企业领导驾驶舱。

专家系统强调专用性，在抽取某一领域专家的成功经验和实践知识装入知识库后自动工作，除了要求用户回答问题、提供必要的数据，基本上是自动独立工作的。其服务于结构化的决策，例如现在的医疗门诊系统中的部分功能。

因此，未来决策智能系统的目标并非使两者中的任何一者向另一者靠拢，而是使彼此融合，服务于更多的决策场景，自动化地管理决策行为的全链路，提供统一、透明的决策过程，提高决策制定及评估反馈的效率。

3. 决策智能系统与新的挑战

决策智能可以说是一个综合性的科学领域，涵盖了一系列广泛的学科，其中包括常规的统计分析、AI 算法模型和复杂的自动化、自适应的软件体系等。决策智能不仅是决策制定的自动化，还应是整个管理决策过程的自动化，包括方案选择的自动化及效果跟踪、评估与反馈的自动化。

确定决策智能的范围

当下，BAI 系统中决策智能的能力应当至少覆盖如前所述的委任决策范围，人们要做的就是确认好组织中哪部分决策可以放心地交给决策智能系统，并清晰地设定好各种阈值条件，告诉系统何时该向人们报告。这可以极大地提高决策、执行和评估过程的效率并获得更好的一致性与透明度。

如何确认哪些决策可以被委任？我们可以列出那些最重要的、会定期发生的决策需求，并问三个问题：

决定是否可逆？
有没有直系下属有能力来作出决定？
管理者是否可以让那个人负责作决定？

如果这三个问题的答案都为“是的”，那么就可以把这个决策制定任务委派给决策智能系统。

挑战与对策

决策智能所面临的不仅是技术问题，还有管理文化的问题。在一些特定的职场环境下，一方面有些雇员可能由于害怕“担责任”，会倾向于将决策工作推给管理者，决策智能对于他们而言反而成为一种“卸担子”的手段，而有些雇员则担心缺乏日常的决策会使个人的工作价值受到损害；另一方面同样的问题也造成了管理者对决策委任的“不放心”和“不情愿”。

所以，决策智能系统在落地时的一个关键挑战是让组织各层级接受与智能化决策相适应的权责分配机制，并明确对智能决策有所有权的仍然是组织里的人，而非组织里的机器。将决策智能系统所作决策的覆盖范围、执行后果与个人或团队的绩效考核绑定，并鼓励整个组织逐步接受数字化工具和流程，那么组织各层级就有权利和义务不断对决策智能系统提出更高、更全面的要求，这将推动更好的决策工具的出现。

此外，决策智能系统需要给组织提供设定清晰的决策升级路径的能力。例如，当出现执行某个决策后问题发生的频次提高、行动所需的花销提高、未解决的问题持续时间变长等情况时，就需要将这些决策问题升级，并做好紧急情况应急预案。因为委任的决策智能虽然会带来更高的效率，但永远不能完全消除错误，当问题发生时，应当启动预设的应急预案并积极探讨如何进一步地改善系统的预判。当然，这也对组织的管理者提出了更高的要求，他们不但需要对新兴技术有长期的信心，也要有能在现实面前力排众议的担当。

10.2.5 未来的集成决策智能

未来，组织的管理会从规范化、精细化、科学化，到最终实现个性化。如果管理就是决策，那么个性化的管理就意味着个性化的决策，需要借助集成的决策智能来实现这一愿景。

集成的决策智能首先要能够集成组织不同层级的不同决策实践，并将系统平台向个体和团队开放；其次要能够集成多个不同的决策工具和决策路径，不仅要适用于单个委任决策，还要适用于组织不同层级的一系列决策，因为这些决策是有内在关联的。

组织或许可以基于这些集成的决策能力来构建面向个人和团队的新兴决策网络，从整体上设计出更准确、更有效、覆盖范围更广、可重复和可追溯的决策智能系统，使组织可以更快地响应内外部环境的变化并基于数据洞察采取行动。

时过境迁，比起 50 多年前人们刚提出智能决策时，如今信息技术已有长足的进步，但决策管理的本质诉求并没有太大的变化，也就是让对的人在对的时间以对的方式作出决定。在数据爆炸的时代，恰恰是“信息过剩”和组织的复杂度加大了决策制定的难度和不确定性，我们寄希望于新一代的决策智能系统能解决这些问题。

当然，也有很多观点对过度依赖数据和算法的合理性提出了质疑，例如，过度依赖数据分析和决策智能系统是否会扼杀人的创造力？所获取的数据是否足够全面和准确，可以支撑每个重要的决策？的确，凡事都有两面性，我们需要辩证地去看待。但我们不得不承认，当下的数据分析与决策智能系统确实给组织及社会带来了显而易见的益处。例如，我国的“扶困帮贫大数据”与“精准扶贫”计划，通过建立贫困群众数据库及需要政府帮助的人群的用户画像，精准定位，优化资源配置，开展扶贫工作。为了维持现状而放弃一切可能性的僵化态度，在已到来的数字时代和未来即将实现的全面数字化的世界中是不可取的。

后记

自 2020 年 12 月笔者开始撰写本书以来，我国对数据的重视程度不断提高，主要体现在政策和政府机构的设置两个方面。

首先是政策方面，数据基础制度建设事关国家发展和安全大局。2022 年 12 月 19 日，《中共中央 国务院关于构建数据基础制度更好发挥数据要素作用的意见》（简称《数据二十条》）对外发布，明确要从数据产权、流通交易、收益分配、安全治理等方面构建数据基础制度，并提出了二十条政策措施。

在数权时代，关于数据要素的治理与利用全球尚未形成成熟的规则，笔者希望本书可以抛砖引玉，激发读者进一步研究和探讨的兴趣，这也是笔者撰写本书的原因之一。因此，笔者很欣喜地看到，《数据二十条》的发布使得过去一直困扰着业界、学界的若干问题在政策层面有了一个很好的框架和理念。

关于个人数据权利。《数据二十条》提出探索由受托者代表个人利益，监督市场主体对个人信息数据进行采集、加工、使用的机制。如同本书 2.1 节所述，我们需要探索一种既有利于个人数据保护又能促进个人数据利用的新方式与新机制。这或许会成为未来“数据信托”制度的雏形。

关于组织数据权利。《数据二十条》明确了对各类市场主体在生产经营活动中采集加工的不涉及个人信息和公共利益的数据，市场主体享有依法依规持有、使用、获取收益的权益，保障其投入的劳动和其他要素贡献获得合理回报，加强数据要素供给激励。如同本书 2.2.1 节所述，此类数据权益将成为数字时代组织生存与发展的基本财产性权利。

关于公共数据开放。《数据二十条》鼓励在保护个人隐私和确保公共安全的前提下，公共数据按照“原始数据不出域、数据可用不可见”的要求，以模型、核验等产品和服务等形式向社会提供。如同本书 4.1 节所述，公共数据的开放不仅可以提升公共行政管理能力，数据中所包含的潜在价值也能被更多的社会组织开发和再利用，带来更多的社会效益与经济效益。

关于平等的数据权利。《数据二十条》鼓励探索企业数据授权使用新模式，发挥国有企业带头作用，引导行业龙头企业、互联网平台企业发挥带动作用，促进与中小微企业双向公平授权，共同合理使用数据，赋能中小微企业数字化转型。如同本书 2.2.2 节与 4.1.3 节所述，数据资源要素在不同行业与组织之间的分布是不均衡的，需要鼓励平台型大企业依据公平互利原则与中小企业分享数据，保障中小企业基本的数据使用权利，在赋能中小企业的同时促进数据价值的更大提升。

关于数据产权制度。《数据二十条》提出建立保障权益、合规使用的数据产权制度，探索数据产权结构性分置制度，建立数据资源持有权、数据加工使用权、数据产品经营权“三权分置”的数据产权制度框架。如同本书 5.2.3 节所述，数据的确权一直是一个难题，而场景化立法或许是突破这一困境的方法之一。而《数据二十条》提出的“三权分置”的数据产权制度框架则是一大创新，构建了中国特色数据产权制度体系。

关于数据资产入表。《数据二十条》明确提出要探索数据资产入表新模式。如同本书 5.2 节所述，通过数据资产确权、数据资产评估计量与数据资产披露等环节，积极探索数据资产入表的可行路径，为数据要素的全面资产化、资本化、金融化运营做好充分准备，进一步促进释放数据要素的价值和市场潜力。

关于数据经纪机构。《数据二十条》支持第三方机构、中介服务组织加强数据采集和质量评估标准制定，推动数据产品标准化，发展数据分析、数据服务等产业。如同本书 8.3 节所述，未来或许会出现数据个体经纪人，作为数字经济的独特主体而存在，在数据要素市场化配置的背景下，提供基于数据的资讯搜集、交易、分析等服务。

其次是政府机构设置方面。据不完全统计，目前北京、上海、天津、重庆、贵州、福建、山东、浙江、广东、广西、吉林、河南、江西、江苏、黑龙江、安徽、海南、四川等 18 个省（自治区、直辖市）均设有大数据管理部门，其中有的是当地政府的直属机构，有的是当地工业和信息化部门的下属单位。尽管机构设置有差异，但都是服务于建设数字政府的相关工作。

更令人振奋的消息是，2023 年 3 月，第十四届全国人民代表大会第一次审议并批准了国务院机构改革方案，同意组建国家数据局，一个全新的机构诞生了。国家数据局将负责协调推进数据基础制度建设，统筹数据资源整合共享和开发利用，统筹推进数字中国、数字经济、数字社会规划和建设等，由国家发展和改革委员会管理。未来，除了地方的大数据管理部门，国家数据局会自上而下地统筹管理各地的大数据部门并促进政企联动，消除“数据孤岛”“数据壁垒”“数据垄断”等问题，打通数据链路，实现数据整合，助力数据利用，畅通全国数据资源大循环。

笔者认为，国家数据局的成立落实了数据是国家基础性、战略性资源和重要生产要素这一共识，通过专业化的部门来推进数据要素市场化建设，推动国家数据产业发展，夯实数字中国建设基础，提高我国整体数字化能力，助力我国在世界数权舞台上发挥更大的影响力。

我们每个人都是历史的见证者、时代的亲历者，未来充满无限的可能。我们的生活方式正在发生深刻的改变，数实共生将成为现实，人类的智慧将迎来新的飞跃。希望本书可以成为时代的一个注脚，每位读者都可以从中获取知识与乐趣。